櫻花開落

樱花开落：
日本灾难与灾难日本

陈安　周丹　陈樱花 · 著

中国经济出版社

CHINA ECONOMIC PUBLISHING HOUSE

· 北 京 ·

图书在版编目（CIP）数据

樱花开落/ 陈安，周丹，陈樱花著 . -- 北京：中
国经济出版社，2022.1
　　ISBN 978 - 7 - 5136 - 5063 - 2

　　Ⅰ.①樱… Ⅱ.①陈… ②周… ③陈… Ⅲ.①灾害防
治 - 研究 - 日本 Ⅳ.①X4

中国版本图书馆 CIP 数据核字（2021）第 135933 号

责任编辑　孙晓霞
责任印制　马小宾
封面题字　贾　伟
封面设计　任燕飞设计工作室

出版发行　中国经济出版社
印 刷 者　北京富泰印刷有限责任公司
经 销 者　各地新华书店
开　　本　880mm × 1230mm　1/32
印　　张　10
字　　数　170 千字
版　　次　2022 年 1 月第 1 版
印　　次　2022 年 1 月第 1 次
定　　价　59.00 元
广告经营许可证　京西工商广字第 8179 号

中国经济出版社 网址 www.economyph.com 社址 北京市东城区安定门外大街 58 号 邮编 100011
本版图书如存在印装质量问题，请与本社销售中心联系调换（联系电话：010 - 57512564）

序

灾难与日本的相互诠释

对于研究灾难的学者而言，日本肯定是无法回避的一个主题。日本列岛所处的位置刚好在太平洋板块与亚欧板块之间，随着大陆和海洋的相对运动，不是引起地震和火山喷发，就是岛屿沉没。从某种意义上说，受到灾难的考验是命中注定的事，也正是这一原因，日本又被称作"被诅咒的土地"。

当然，从历史长河中观察，即便是上帝的"应许之地"，也会灾难频仍，只不过由主要的自然灾害变成人为灾难。坏地方使得人人必须不断经受洗礼和锻炼，好地方则成为不同利益集团的争夺焦点，而争夺的最高形式就是战争。"宁为太平犬，不做离乱人。"这句俗话表达出来的对战争之厌憎竟至怎样的地步！大家应该都有所感触。

例如，中国的河南就是一块水草丰美、物产丰饶、气候宜人的地方。但是和它有关的"问鼎中原""逐鹿中原"等成语哪一个不是经历了战争的多次蹂躏才在痛苦中总结出来的呢？王室自可惶惶而去，百姓则连离开的脚步都是那么沉重，注定要成为鼎下的蝼蚁，被追逐如獐麋马鹿。

日本的历史也经过了多次战乱。天皇除了偶尔成为实权人物外，更多时候则是作为象征性的人物存在，而幕府将军也罢，割据诸侯也好，则始终在风声鹤唳中或进攻或退守，充满惶惑地面对着随时可能降临的战争。其间，日本发展形成了内容丰富的"灾难文化"：从语言到文字、从服装到饮食、从运动到行为、从个性到民族性、从文学到艺术、从心理到气质、从价值观到人生观……全方位匹配灾难的日本文化。

我们在研究日本灾难文化的过程中形成了一个方法论，即灾难的反复出现会强化人们对它的认知，包括恐惧和闪避，提前预知和事后淡然。这些认知逐渐成为个人记忆的源泉，在群体层面慢慢趋同，并表现在个人情感、心理、行为、语言和文字上。随着群体在人生观、价值观上的归一，日本作为一个区域乃至国家，开始有一些上层行为模式，如大化改新、明治维新，以及入侵邻邦，完成了从学习高级文明到某些方面有所逾越甚至侵越的过程。此时，在武力的加持下逃离到更安全的土地便成为其"现实可行"的选择。灾难中的国家选择和个人品格养成，会体现在生活中的方方面面，我们甚至可以用其解释日本的文学作品为何富有如此独特的品位，以及社会推理小说为什么能在日本"一枝独秀"等现象和疑问，一代又一代的作家蜂拥而起，相信在东野圭吾之后还会有更多人出现。

在已出版的《樱花残——灾难视角下的日本文化》一书中，我们从"日本樱花"和"樱花日本"两个角度对日本独有的灾难文化进行了解读。当时对标的是《菊与刀》。我们认为《菊与刀》从社会学、民族学、文化学等角度描述了日本的诸多矛盾现象，并用另一个文化概念——耻感文化进行了解释。而我们则希望解释日本诸多文化现象的逻辑与发展路径。当然，樱花终究要凋残，正如科技不发达的古代日本，在灾难的影响下最后只能"认"了悲剧性的结果。但樱花终还是有盛开的时候，从南方到北方的渐次开放，日本人对于樱花前线逐渐移动的兴奋与追随，在某种意义上也恰恰反映了一个民族历经灾难依然会生生不息，在一片萧索之后还会继续重生与灿烂，拥有希望与动力的风范。

所以，我们在以"菊"与"刀"两种相反相成的物来体现日本人矛盾性情的基础上，认为樱花的开放与凋落更加能够象征日本人在灾难下的人生两极状态。个人的一生如樱花的开落，群体的存废似樱花般开落，国家的兴衰也像樱花的开与落。从这层意义看，我们也许能够更好地理解日本人对于生命的珍惜与放弃，对于伦理的忽略与模糊，对于交往关系的淡漠与疏离，对于神界的尊崇与切近，甚而至于对于细节的精益求精以至偏执。

本书由我同周丹与陈樱花两位博士，还有范超、师钰、崔晶和李雪娇几位同学一起，从两个角度对日本进行考量。一是日本的灾难。首先，介绍地震灾害的大体情况及对日本所产生的冲击与影响；随后，对诸多火山的情况以及日本人对其相关的神魔信仰进行介绍，并不可避免地提及由海底地震所引发的海啸及其传说。以上是日本主要的自然灾害，下面是以战乱为主的人祸灾难。主要是日本历史上的藩国之战，也就是俗称的内战，日本也有像中国的"三国时代""春秋战国""五代十国"等大混战时代。而统一后的日本一心惦记着对外扩张，对此它自然有自己的喜与忧，可是对于它所侵略的国家而言，就是纯粹的仇恨和灾难了。"二战"是日本对外扩张的顶点，终以两颗原子弹从天而降结束了日本迄今为止的战争经历。

　　二是灾难下的日本。日本因灾难形成了很多现象，其中有不少独具特色，例如纸鹤信仰。大灾发生后，灾区会收到数吨从各地邮寄来的纸鹤，为灾区增添了额外的麻烦。而诸如长崎、广岛更是纸鹤遍地，战争纪念馆内外也全被纸鹤包围。除此之外，地震后的熊本县在很多方面也展现了日本的一些应灾经验。例如，熊本城的民房基本没有倒塌，只是当时的政府驻地和古旧到已作为遗迹的老城受损不小。这说明日本在防灾方面是十分理性的，知道哪里为紧要处。日本同时有专事绘制灾难画的画家，各种冲击眼球的灾难现场，灰黑色的色调让人哑然，而其他国家则很少有这类情形。广岛被原子弹轰炸之后，日本依然不愿意放弃称霸的幻想，倔强地没有立刻投降而使得长崎又挨了一弹，终至几十万人丧生，整个长崎的恢复重建变得异常艰难。当年的痕迹被尽量多地保留了下来，广场上既像上帝又有佛痕的古怪雕塑融通了宗教的两个主要分支，所求自然是和平与安宁。看日本作家的文字，从川端康成到石黑一雄，尽管他们生活的背景很有不同，但笔端流露出来的悲伤情调却是基本相同的。我们也用专门的章节谈及这两位作家，以及夏目漱石、村上春树等人的作品。

再从日本人的日常起居来看，住在日本，随地随时都能够体验到日本之小。典型的就是，卫生间可以小到 3 平方米内解决所有问题。马桶的储水箱上面设洗手池，清洁用水随后流入水箱，成为冲马桶的中水。精确到无法再小，与其说这都是因为资源缺乏而形成的节俭习惯，还不如说这样做是为了等到下次灾害来临，所损所废程度达到最小。

于是，从这两个角度所包含的诸多方面进行解释与刻画，日本与灾难之间的相互损毁与造就便在我们的心里烙上些许印记。但是，一衣带水的中国和日本有哪些相同与差异？还是没有说清楚。鲁思·本尼迪克特在《菊与刀》中所言的日本，绝大多数也是中国的特质，甚至可以说成是亚洲的特质，并没有突出日本特质。只是在西方人（包括美国）看来，这些竟然都独独成了日本人的样子。这正如我们很难区分不列颠和欧洲大陆的人长相上的差别，但是欧洲人自己却能一下子大体分辨出来。所以说，中国人对于日本人的专属独特性，认知应该会比西方人更为准确一些。

希望这本书能让除日本人之外的亚洲人也和欧洲人、美洲人、非洲人一样，看待日本的视野、心态和结论都会更加别致和深刻。

这已是我们的奢望了。

最后，感谢中国科学院科技战略咨询研究院和系统分析与管理研究所对本书的出版给予的支持。

陈　安

2019 年 5 月 8 日

目录

残篇
缺憾之美
侘寂之境

上篇　日本灾难

板块冲撞和地动山摇

地狱之火与灰色绝望

日本津波到世界海啸

北陆有雪国，三月雪纷飞

战国纷争与幕府统一

对外扩张与祸从天降

日本平安时代的《古今和歌集》中收录有这么一首短歌：

吾皇盛世兮，千秋万代；

砂砾成岩兮，遍生青苔。

这首由 18 个汉字组成的和歌名为《蓬莱山》，明治时期它被用来为日本国歌填词，并一直被大和民族传唱至今。这首极简的国歌可分为两部分，前半段表达的是和人对天皇血脉的信仰以及对国祚绵长的祝福；后半段则有着比拟的蕴意，或可把它看作时光的流逝，或可将其当作文明的积淀，抑或从中看出世事的变迁。然而，无论谓之何物，都透露出些许源自民族本性的内敛气质和咏物情怀，并随着大和民族的发展轨迹一直绵延至今，进而体现在各种器物上，如枯山水，又如浮世绘。但与其说是这种传承自上古的气韵影响了一代代日本人，倒不如说是日本群岛上的自然之力造就了大和民族的先祖之魂。其中，各种自然灾害更是深化了日本先民对于自然界的认知，并因其频繁性将这种认知逐渐渗透到了骨血之中。

板　块

约 46 亿年前，地球诞生。经过数十亿年的收缩和演变，固体凝结成陆，液体下沉为海，我们的地球逐渐变成了如此美丽的星球，之后便开始频繁进入冰河期。上亿年前，剧烈的造山运动打破了这颗星球冰封万年的寂静，随着能量涌出，无数的山岳隆起折叠，大片的冰川破碎融化。地球的表面在这一时间开始剧烈运动，不仅诞生了新的陆地、新的山脉，也打造出了新的岛屿、新的海岸，其中就包括西望华夏的日本群岛。因此，日本群岛相较其他大陆而言其实更为年轻。在亿万年的时光中，日本群岛在板块作用下逐渐分割、重组、高耸、下陷。伴随着太平洋潮水的无数次涨落，日本群岛也慢慢地呈现出了现在的模样。那么如今的日本群岛是否依然处在成长期？这就需要从板块构造理论和创造日本群岛的两大板块说起了。

板块构造理论的出现实则是为大陆漂移说提供了依据。这一理论指出组成地壳的岩石圈并非一块整体，而是分裂为许多块，而那些具有一体性的大岩块则被称为板块。也就是说地壳和哺乳动物的头骨一样并非无缝对接，而是由诸多边界分明的板块拼合而成。日本群岛就处在太平洋板块和亚欧板块之间。

如今，这颗蓝色星球的造山运动已趋于缓和。但是潮汐、引力、地幔物质运动等仍会造成板块的位移，而板块之间由于运动矢量不一致就会出现一些亲密接触。按照大陆漂移假说以及对史前造山运动的推测，日本群岛的诞生得益于太平洋板块和亚欧板块的碰撞，而如今它依然位于两大板块的接合处，因此无论如何也躲不过各种原因所造成的板块位移的影响，躲不过来自大地深处的震颤，各种地质灾害的厄运就这样一次又一次地降临在了群岛上。因此，日本真可以说是兴也板块，衰也板块。

另外，根据接触面的差异，板块碰撞可分为大陆与岛弧碰撞以及大陆与大陆碰撞。西太平洋和远东地区特殊的地质构造使得日本群岛的出现乃至岛内地质灾害频仍，均源自前者，即发生在"岛弧—海沟系"的构造背景下。当洋壳完全沿海沟向岛弧之下俯冲后，陆壳也与岛弧发生碰撞。这样，一方面使大陆与岛弧连成一体，并产生挤压造山带，使陆壳范围扩大；另一方面使岛弧另一侧形成新的海沟和消减带。在亿万年前，太平洋板块以俯冲之势攻向亚欧板块的"下三路"，将大陆架边缘顶起，日本列岛由此诞生。此外，大陆与大陆碰撞则发生在两个相互汇聚的大陆板块边缘，当两陆壳之间的洋壳沿其中一个大陆边缘俯冲完成后，两块大陆便发生碰撞，其结果使大陆范围扩大，并形成规模巨大的挤压造山带，例如喜马拉雅山脉和乌拉尔山脉。

大地的震颤

关于地震，日本的各种古籍中都有记载。平安时代的歌人鸭长明曾在《方丈记》中生动地描写过地震发生时的惨状：

山崩河断，海水倒灌入田。地裂而水涌不断，巨石碎裂滚入深谷。近海划行的船只，于惊涛骇浪中飘摇，走马失蹄。京郊府宅、佛塔、神社，未有保全者，或崩坏，或倒塌。灰尘升空，有如浓烟。大地震动，房屋坍塌，声如惊雷。闭户则惧灭顶之灾骤临，出门则恐地裂又至矣。只恨无双翅上天，唯求可成龙驾云。天地之间，最恐惧者莫过于地震哉。

更可怕的是，地震往往会引发海啸、泥石流、火灾等次生灾害，甚至会成为爆发社会动乱等具有突发性和不可预知性事件的潜在风险源。我们可以看一下关于1923年日本关东大地震的一些记载：

关东平原地区随着一阵阵"嘎嘎"的声响，大地开始上下抖动，左右摇摆，正在享受周末轻松时光的人们一时间失去了平衡，任由颤抖的大地摆布，或被抛向空中，或被倒塌的房屋掩埋，非死即伤。

这场震级达里氏8.1级的地震在陆地上制造了一条条恐怖的大裂缝，吞噬了无数的生命。一些村庄甚至被地震造成的泥石流和塌方整个深埋于30多米的地下。更可怕的是，地震破坏了城市的煤气管道，大量易燃气体四处逸散，之后的一个小火星儿就使得遍布木质建筑的东京变成一片火海。然而，大自然似乎对地震、火灾仍不"满足"，其后海啸奔涌而来，日本关东地区遭受了毁灭性的袭击。此外，灾后恶劣的卫生条件又导致霍乱流行，东京都政府不得不下令戒严，整座城市也随之失去了生机。一时间，地震、火灾、海啸和瘟疫将关东地区变成了人间地狱。经事后统计，这场灾难造成 15 万人丧生，200 多万人无家可归，经济损失高达 65 亿日元。

另外，这次地震所引起的社会动荡也可谓人间惨剧。大地震后，军队和警察对"朝鲜人暴动"的传闻不仅没有加以控制，反而助长了民族排外情绪的发展，致使 6000 多名在日朝鲜人被虐杀。

由此可见，地震灾害的爆发往往具有空间的广泛性和时间的突然性，加之灾区救援存在很多现实困难导致灾后恢复和重建任务异常艰巨。表 1.1 是 20 世纪至今日本发生的部分大地震及造成的死亡人数统计。

表 1.1　20 世纪至今日本部分大地震统计

发生时间	地震地点	震级（级）	发生地区	死亡人数（人）
1923.09.01	关东大地震	8.1	东京、神奈川县及周围	约 10 万
1933.03.03	昭和三陆地震	8.5	岩手、宫城、青森	3009
1943.09.10	鸟取地震	7.4	鸟取县	1083
1944.12.07	昭和东南海（Tonankai）地震	8.1	熊野滩、三重县尾鹫市外海约 20 公里处	1223 人死亡或失踪

续表

发生时间	地震地点	震级（级）	发生地区	死亡人数（人）
1945.01.13	三河地震	6.8	爱知县三河湾	2306人死亡，1126人失踪
1946.12.21	南海道地震	8.1	南海道	1330人死亡，102人失踪
1948.06.28	福井地震	7.1	福井县	3769
1964.06.16	新潟地震	7.5	新潟县	31
1978.06.12	宫城地震	7.4	宫城县	28
1995.01.17	阪神大地震	7.2	淡路岛北端	6434
2007.07.16	新潟地震	6.8	新潟县	11
2008.06.14	岩手宫城地震	7.2	岩手、宫城等县	12
2011.03.11	东日本大地震	9.0	日本东北部	19533人死亡，2585人失踪
2016.04.16	熊本大地震	7.3	熊本县	49

注：本表中所选均为震级在里氏6.0级以上、死亡人数在10人以上的大地震。

然而，无数次大地颤动给日本国民带来的不仅仅是毁灭和畏惧，还有被磨练出的灾害应对素养。2015年，东京湾发生了一次小型地震，值得注意的是在地震发生前几个月，网上就已出现相关传言。不管预测的佐证为何，我们都不对其客观性和准确性做过多讨论，仅从传言扩散后日本人的实际行为就能看出其本身所具备的面对灾害时的素养。

传言出现后日本人并没有恐慌，也没有做格外的准备，因为他们早已习惯随时面对地震的威胁。在建筑物方面，各类房屋被设置了强制的"耐震"标准。住宅楼能抗击里氏7级地震，商务楼能抗击里氏8级地震，这也是为什么日本人能有底气地说："地震不发生在建筑物上。"在家居方面，日本人"室内避难"意识根深蒂固。对人身可能造成伤害的家具物什，他们尽可能地使用木制材料，比如地板、床铺，甚至连双层床位的高度也比正常的床相对低一些。此外，日本还有各种专门的防震家具，比如高层防震固定书架、大衣柜的墙体固定钩等。在日常用品方面，日本的街头超市每天都在出售防震救灾的生活用品箱，而日本人的家里、汽车里也常常会放置内有饮用水、压缩饼干、手电筒、保温雨衣等物品的"急救包"，有的还装备了有橡胶指垫的棉手套和可以扯成绳子的强力尼龙包。在通信方面，灾后日本的街头巷尾、社区街道、市区政府、红十字会以及NHK电视台等都会纷纷推出热线联系电话，日本民众可以利用这些电话找人、报平安。无形之中，相互联络的意识与行为不仅让人感到一种温暖和社会民众之间相互扶助的力量，而且也会大大消除灾难带来的恐慌。

地震的短期预警也是日本一个值得称道的成果。2011年，高达9.0级的"3·11"地震造成了特大海啸。这种灭顶之灾不可避免地会造成大量生命的陨殁，但短期预警系统让数百万日本国民在地震第二列波到达前数十秒到一分钟就得知即将到来的灾变，进而最大可能地确保生命安全。约 1000 个地震计组成的监控网络覆盖全日本，全天候感知和分析震波，并在地震计预测震动强烈时发出警告。由于地震纵波的传播速度比更具破坏性的横波快，这意味着地震警报有可能会先于地面震动到达，这就给人们提供了宝贵的时间寻找掩护。日本对于危机防范与准备做到了如此极致，不禁令人叹服。中国在汶川大地震之后也开发和应用了这一思路和做法。

富士山和山下的樱花

除了地震之外，地质活动的另一个极端后果就是火山的喷发。无论是东方人还是西方人，面对火山喷发无一例外都是极度惊恐和不安的，日本人亦是如此，但他们同时也将其供奉为崇拜的对象，其中最负盛名的当属日本人心中的神岳富士山。虽是活火山，富士山给人的感觉却很安静，就像其山顶终年不化的白雪一般祥和、安宁。但事实上，在过去两百年间，富士山流出熔岩的喷发至少有 43 次。即便如此，自古以来富士山依然被誉为灵峰，山顶位置还设浅间神社，其所象征的神圣意味受到大和民族的无上敬仰。

让我们将视野慢慢拉开，当富士山逐渐由面前的庞然大物化为远处覆盖着白纱的缥缈之峰时，山下的樱花和樱木也自然而然地映入眼帘。在很多摄影作品中，近景的樱花和远景的富士山都会同框出现。不得不说，这种组合所体现出的自然和谐的美丽世间少有：活火山、粉白小花、皑皑的白雪，这些事物构成了一种美妙的平衡。而这一平衡对大和民族产生的影响也是全方位的，强大的自然虽然在灾害发生之时对人类展示了无尽的压迫力，但更在无灾岁月中展现出无比的包容力，日本民族性格也由此出现了转变。

首先是从恐惧心理到危机意识的转变。地震时，山崩河断、地裂房塌，几分钟前还安然的城市在自己的注视中化为一片废墟。灾害爆发的场景使日本人深切体会到大自然可怕的威慑力量，对自然和宿命的恐惧感油然而生，并在随后的无数次灾难中愈积愈深。一代代日本人恐惧心理和恐慌经历的沉淀造就了其强烈的生存危机和忧患意识。

其次是从"和"理念到顺从性的转变。自古以来，日本国民便形成了尊敬自然、顺应自然、追求与自然和谐相处的人文理念。这种和谐文化在圣德太子的《十七条宪法》中以第一条的位置被列了出来——以和为贵。重视"和"文化的日本人做事常会从感情方面出发，只要不触及底线，他们都会迁就对方、顺从对方，尽量不与对方发生争执，从而避免引起不必要的麻烦。

最后是从"哀"情绪到多重性的转变。日本灾害的不可抗拒性、突发性、巨大破坏性，让日本国民体会到了生命的脆弱。于是，日本人习惯性地将人生视为樱花，认为其短暂易逝。因此，无论是对自然还是社会，外物还是自身，他们都抱有一种悲悯之心，哀切之感。而"哀"本身是介于生与死、唯美与残酷、温情与冷静等各种矛盾情感之间的。即使是同一个画面、同一个事件，也会产生不同甚至是两个极端矛盾的情感，这为日本文化的多样性发展提供了多元化可能。

诚然，时不时就地动山摇的生存环境造就了日本的民族心理和品格，危机感使其充满前瞻意识，知晓"尘归尘，土归土"；顺从性使其尊重自然，看开"砂砾终化岩石"；多样性使其生活憧憬着美好和未知，接受"岩壁遍生青苔"。如今，《君之代》依旧在日本人中一遍又一遍地传唱着，短短的和歌所吐纳出的气韵将这些大和情怀不断传递下去。

地狱之火与灰色绝望

日本像是被陆地忽视的小孩，发誓要用祸端来刁难父母。火山是这座岛屿自我表达的刻意着墨，这个"坐在火药桶上"的岛国，一直以来并将永远接续地受到地狱之火的淬炼。

地狱之火

京都、银座、富士山，分别象征着日本的历史、现代与自然。享誉全球的富士山婀娜曼妙，却天然孕育着不可一世的地狱之火。她接受生活于此的人们世代的尊崇与敬畏，与痴迷景仰。日本人对死亡的超然世外，使他们勇于面对任何自然神力。

距今大约 11000 年前，古富士的山顶西侧开始喷发出大量熔岩，形成了现在的新富士主体。此后，古富士与新富士的山顶便东西并列。富士山的名字，自古以来，就经常在日本的传统诗歌"和歌"中出现。富士山山体高耸入云，山巅白雪皑皑，放眼望去，好似一把悬空倒挂的扇子，因此也有"玉扇"之称。日本人视它为"不二的高岭"，还以"玉扇倒悬东海天""富士白雪映朝阳"来称赞它。

其实，富士山火山自 1707 年以来就再没有喷发过。谨慎的日本人不愿把它看作死火山，而只说明它是一座休眠火山。因为"富士"源于虾夷语，意为"永生"。原发音来自日本少数民族阿伊努族的语言，意思是"火神"。在《竹取物语》中，许多武士将长生不死的灵药在最接近天堂的富士山上燃烧，因此，将这座山命名为"富士山""不死山"或"不尽山"。在日语中，"不死"和"不尽"的发音也都与"富士"接近。沉默的富士山孕育火种，山体挡住了大部分的寒冷空气，硬是把冬天挡在了山的另一边！（它代表着：信仰不死，精神不灭。）

富士山是日本的神圣象征，被日本人民誉为"圣岳"。山顶设有富士山本宫浅间大社，用于祭祀富士山的神灵——记纪神话中的女神"木花开耶姬命"。传说，天孙迩迩芸神在笠纱的海角遇到大山津见神的女儿木花开耶姬，遂向其父大山津见提亲求婚。父神很高兴，并把她及其姐姐石长姬连同许多贡品一起送献给大神。不料大神嫌弃姐姐生相丑陋，将其退回。父神感到恼羞，便进一步说明石长姬寓意祝祷大神万寿无疆，而木花开耶姬是祝愿大神像花一样荣华富贵。石长姬被送回，将意味着天神之子的寿命会如花一样短暂。

之后，天孙临幸木花开耶姬，一夜而有孕却反生疑心。为此，木花开耶姬向大神发誓，若孩子是天神之子就会安然无恙。于是大神将她禁足于无窗大殿，并以土堵门。当木花开耶姬临产时，大神还在殿里点起了火。最终，木花开耶姬顺利产子。而她是诞下火种的神明，正如富士山一样，优雅静美但胸怀炽热。

此外，有关富士雪顶的传说，在《常陆国风土记》中有记载。据说，天神拜访富士山神的住处，请求留宿，但是被主人以斋戒为由拒之门外。后来天神拜访筑波山神，在请求留宿时，却受到了热情款待。此后富士山便遭到了终年积雪的惩罚，而筑波山上则香火不断。平安时代的文学作品《更级日记》中，还记载了富士山神可以决定朝廷次年的人事更替的观念。到了江户时代，攀登富士山也在平民百姓中流行起来。平民们由于对富士山强烈的信仰，特地在江户各地堆起了许多富士冢。所谓"富士冢"，就是在能够眺望到富士山的地方用土堆起的小山丘，在山丘顶部同样建有浅间神社以供人参拜。因此，无法抵达富士山的人就能在当地体验攀登。这样的富士冢很多被命名为"浅间山"或者"朝熊山"。另外从港湾眺望到富士山的地方，也有建立浅间神社石碑的风俗。

在高涨的富士山信仰的带动影响下，江户时代诞生了许多以富士山信仰为基础的神道教与佛教融合的新宗教。这些宗教在江户建立组织，许多都达到对幕府构成威胁的规模，因此受到了幕府的镇压。这些宗教在明治维新中得以保存，与现在的实行教、丸山教和扶桑教等都有渊源。时至现代，仍有许多以富士山信仰为基础的组织，比如奥姆真理教和法华三法行等都在富士山的山麓设立总部。

灾难"盛景"

无论是和挪威森林客气有礼的短兵相接，还是美西 66 号公路上一脚油门踩到底的公路之旅，与自然相近的经验，在日本人的灾害"盛景"面前都显得过于浅薄。这个四季分明的国度，他们敬重自然，讲求净化仪式，注重农耕仪礼的传统。文明，但疏离，像圆熟的日本人最擅长把握的人际距离一样，他们游刃有余地拿捏着自己与自然的远近。他们冷静旁观却热情欠奉，但诚如假面情侣，在多年间悉心出演相敬如宾的戏码一般，终究会厌倦。日本人需要从地狱烈火燃烧殆尽后的灰烬中颤颤巍巍地站起来，做一个不那么"客气有礼"的造物人，在灰色绝望中纵情享乐。

日本人在千百年的灾难锤炼下存活至今，似乎终于让我们这样的"世外人"隐约察觉到了灾难带给他们的无可比拟的奇景盛况。"火山之国"之中分布着 270 座火山，占世界火山总数的十分之一。日本火山广布全国又相对集中，主要分布于日本列岛的本州、九州、北海道等大岛以及伊豆诸岛、南西诸岛和千岛群岛等岛链上。大体上沿西南东北方向分别形成七个火山带。火山赐予他们的珍宝有两样——山顶秀美异常的火山湖以及独一无二的绝美火焰。

富士山的北麓有富士五湖。从东向西分别为山中湖、河口湖、西湖、精进湖和本栖湖。河口湖中映射着富士山的清澈倒影；精进湖最小，湖岸却高耸悬崖，地势复杂；本栖湖水深而湖面终年不冻，透着深不可测的神秘色彩。此外，由于火山的喷发，富士山在山麓处还形成了无数山洞，有的山洞至今仍有喷气现象。其中，富岳风穴内的洞壁上结满钟乳石似的冰柱，终年不化，堪称罕见奇观。

仍旧活跃的活火山，愤怒地喷发着沸腾的熔岩，不知道会在哪一个黝黑的夜打开静默的地狱之门。炫目的火焰被浓雾蒙上面纱，加之空气中的雾霾折射出的光影效果，多了一分变幻莫测的隐秘的艳丽。那一团团翻腾的浓雾后面，总有鬼魅的红光透出，虚无缥缈。山神大概也眷顾着这群珍视生命的人，于是在一次一次的浓雾突袭后，又归于平静。

然而，谁能想富士山那终年积雪，看来优雅乖俏的山顶能喷出炽热的岩浆。同样，富有盛华美景的九州鹿儿岛县，却是樱岛超级火山的所在地。樱岛火山海拔1117米，方圆70公里，是世界上屈指可数的活火山。300年前它开始周期性地爆发，成为日本列岛所有活火山中最活跃的一座。1914年前，樱岛火山是一座名副其实的岛，可是1914年初火山喷发，不仅夺去了世代生活于它脚下的百姓们安居乐业的生活，炙热的岩浆还把这座火山与大隅半岛统统吞噬。2000年，伊豆群岛地区发生了大规模的群发地震及火山活动。地震观测显示，这次群发地震期间发生的地震次数比同区域过去5年中所发生的地震总数还多，释放的总能量位居伊豆群岛地区历次群发地震之首，使得三宅岛的近3000名居民被迫全体离岛避难。至2014年，距离东京200多公里，位于日本长野县与岐阜县交界处的御岳火山突然爆发，并喷出高达3千米的火山灰。在各大火山不停歇地释放自身威力的同时，已有的火山还在不断地新生火山。在北海道就有一座因火山喷发的火山岩堆积而形成的新火山。由于在日本昭和年间形成，便取名为昭和新山。

在日本火山群中，约有80座是活火山，几乎占全国火山总数的30%。火山爆发，岩石或岩浆被粉碎成细小颗粒，从而形成了坚硬、不溶于水的火山灰。火山灰抛掷上升到空中，出现"阳伞效应"。灰层一方面反射太阳的辐射，一方面减少到达地球表面的太阳辐射，使地球温度降低。

火山是来自地底深处的能量释放，岛国热切地期望扎根，积极地同炽热岩浆交流共存。他们崇拜一切伟力，所以可以对无尽的灰暗尽力包容。这是日本人持乐观态度展现出来的"造物热情"。

　　灾难使日本人树起了顽强的精神信仰，支撑着他们对生命的寄托。就像喜欢聊叙痛苦的往往是不识愁滋味的少年人，你听那饱尝人间苦难年老的贝多芬反而唱响了欢乐颂。灾难同时赐予的"盛景"也足以使他们绝望。《世说新语》里王子猷雪夜访戴的故事讲到，王徽之见皎皎雪夜，猛然起兴，连夜溯流而上前往拜访隐士戴逵。经宿方至，到了戴家门前却不进而返。问故，他只说，"乘兴而行，兴尽而归，何必见戴"。是啊，日本所见之高山红火，是生命之光，欲望之火，同时也是他们的信仰和灵魂。在火山喷发后的灰土中，这片岛屿上个体的刺激已全然消失，一切都终于要归于那无欲、无憎、无懒惰的状态。

大风壮而海水扬，磊落惊人。日本人经常能看到大海怒到"站立"，切实感受着大海猛扑而来的雄浑气势，却无法用语言描绘出它的几多雄姿。但是，我们无法否认日本人非凡的学习精神。孤立而动荡的日本岛在与世界大陆对话的过程中，像极了吐故纳新的聚宝盆。自从有美堂上东坡居士写下了"天外黑风吹海立，浙东飞雨过江来"，日本人就将"海立"这个词习得而用，用以称呼他们百见不鲜的"海啸"。

小小波浪

世界上因海啸遭受损害最大的国家之一便是日本。可是，从前的日本人除了说说"海水暴溢""惊涛涌潮"和"海潮涨陆"之外，也没有对海啸其他特别的形容。甚至有个诗人还唱着"和歌"："船边海豚穿海啸，腹下青光绕"，大难临头还一派闲适之情。

日语将"津波"的解释为"小小的波浪"。这倒使得海啸好像成了温柔舒缓又清凉柔美的小精灵，让人无法生出一丝一毫的恐惧之心。或许海水包围中的日本大大小小的海啸太过频繁，日本人对其敏感度大大降低，海啸便与海水涌起的波浪一样没什么区别。灾难冲击下的日本人有着极强的自我宽慰能力，宽慰的作用实质上也是一种系统性脱敏。灾难的无法预料和不可抗力，会带给人深深的恐惧，而日本人必须不断宽慰自己——"没有那么可怕，只是小小的波浪"，从而对自己不断施以脱敏疗法。

对于日本人来说，未来是可知可感的，所以才不会害怕。"做好分内之事，世界不会有负于我。"只有过程和结果，没有强调在中间施加作用的本体，即起点和终点重合，止于一点，这一点就是可知可感的未来。就像复制未来一样地在书写未来，"计划"就是复制未来的框架。

这与日本的海啸如波浪一样常见的灾害环境不无关系，日本人需要将自己对灾难的感觉变"钝"。只有这样才能消解严苛的生存环境带给自身的恐惧，而同时对可以避免的细微残缺达到零容忍。他们深信即使最微小的不平整也会引起巨大的消耗，并最终令所有努力付之东流。正如这小小的波浪也会惊天动地，将所有现代文明洗劫一空。

人鱼和海啸

海啸起处神话灭，而在海啸未到时，传说纷纭。作为海岛国家并且坐拥千岛渔场，与鱼相关的传说自然不会缺席。日本有"会说话的人鱼"预言海啸的传说。在伊良部岛地势低的地方住着一位渔夫。某一天他去捕鱼，钓上了一条叫做"yonatama"的鱼，人面鱼身而且会说话。渔夫准备隔日吃掉这罕见的鱼，就生起了炭火把鱼架在烤鱼网上。半夜，邻家的孩子突然哭喊不止，要去附近岛屿地势高的地方，母亲只得抱着孩子出了门。就在那时从远处传来了："yonatama，yonatama，为什么这么晚还不回来啊？"这时隔壁家熏烤着的"yonatama"应答道："我正在网上熏着啊！快派 sai 来救我！"声音阴森恐怖，母亲赶紧抱着孩子跑到了高处的岛屿。在那一瞬间，伴随着巨大的声响，海啸席卷而来，低处的村落转眼被冲得不留一点踪影。所谓"sai"是海啸的方言，"yona"是指大海，"tama"则指灵魂。"yonatama"也就是"海神"。

　　会说话的人鱼，多半与 1771 年 4 月 24 日袭击八重山的大海啸有关。那次海啸由石垣岛东南部海域发生的 7.4 级大地震引起。海啸先后三次袭击八重山诸岛，死亡 9300 多人。海啸之后，原本在海岸边，后来被海啸冲到内陆的石头被叫做"海啸石"，成为留住灾难记忆的可视性纪念物。亦或，这一传说源于海岸居民对于退潮的毫无戒备。因为能徒手捉到鱼，所以他们热衷于去近海捕鱼，而就在那一刻遭受了海啸的袭击。

　　在冲绳岛的读谷村里，"人鱼和海啸"便是作为突然退潮的信息传述着。这样我们也能够从寄寓在故事中的民间信仰来读取前人的口信，以此来作为预防灾害的经验教训。海啸过后，有用鸡的鸣叫声来决定居住场所这类传说。据说雄鸡鸣叫的地方，人类就能够建造村落生活下去。灾后人们一听到鸡叫，便预示着在这个地方建造村落没有大碍，可以于此重建家园。

那么，当时未经科学开蒙的日本人，又能将海啸的成因归咎于谁呢？妖怪啊！平安时代的日本社会动荡、人心不安，统治阶层没有解决的办法，于是就把种种问题归结于神鬼。据说因为鬼怪太多，日本古代政府设立了专门的巫师——阴阳师。这个职务的尊贵地位在这个时期达到顶巅。因此，人们在生活中不免小心翼翼，唯恐触犯某种禁忌，招致鬼神报复。当时的阴阳师权力极大，天皇和大将军们的日常生活都受到他们的干涉，今天日本文化中的各种禁忌，大多就是那个时候留下来的。

"妖怪"在日语字典中解释为人类智慧不能解释的奇怪的现象或者异样的物体。日本传统的民间信仰认为，超出人类理解的奇怪、异常的现象或因此引起的，具有非常不可思议的力量的事物都是妖怪或者魔物、怪物。日本民间有着大量关于妖怪的传说，这大概与身处岛国的日本人在心理上有种神秘主义倾向有关。喜欢较真儿的日本人把妖怪分门别类，编成《日本妖怪物语》《日本妖怪大全》等书。"妖怪学"已经作为日本文化人类学的一个分支而存在，并在众多高校授课。不光日本学生，外国学生也听得津津有味。

　　日本 70% 的妖怪原形来自中国。比如天狗原是来自中国《山海经》中的犬怪。传到日本后，渐渐和佛教中的天魔、神教中的山神等结合起来，融合成为现代形象。而春分时日本的"撒豆驱鬼"活动，则起源于中国古代的追傩仪式。此外还有 20% 来自印度，剩下 10% 才是日本"本土妖怪"。日语里有很多和妖怪有关的俗语，这些俗语影响着日本人的日常生活。比如妖怪河童爱吃黄瓜，所以海苔卷黄瓜这道菜就叫做"河童卷"；特别厉害的恶媳妇儿被叫做"鬼嫁"；说人生了个天狗鼻子，那是在批评人骄傲自满；如果说"鬼生霍乱"，是指英雄也怕病来磨。

　　而宫崎骏的动画，更是将日本妖怪文化的热潮推向了世界。日本妖怪的最大特征就在于它具有两面性，善恶可以互相转换。比如怨魂，如果好好供奉，也可以成为保护神。在日本的妖怪中很多可以说是介于"怪"和"精"之间。妖怪的属性也不是固定的，由人类对妖怪的态度来决定。正如"会说话的人鱼"可以因为报恩而预言海啸信息，也会因为人类作难而发狂引发灾难。

　　就像不管海啸是否来袭一样，无论妖怪是否真的存在于现实是，日本人都对之有着足够的敬畏。它们也存在于日本人的内心，通过妖怪，日本人可以重新审视自己的内心并且改变自己，从内心与不可抗拒的海啸风浪带来的恐惧和解。

舶来的世界

根据考古发现，日本的古代史完全是支离破碎的状态。日本人从何而来？古代的日本人如何生存和生活？这些都是考古学家和研究者无法推断出结果的谜。大量的遗迹已经被不断喷发的火山、隔三差五的地震以及频发的海啸湮没。即便偶尔发现一些古代日本人用火的痕迹，也实在看不出里面所包含的生存"粗"节，更不要说更为详尽的"细"节了。

那时的日本人，脑袋里和嘴巴里讲的都是日本话，写下来的却是中文，煞是一副双面人的怪异现象。日本古书《日本书纪》中就有"大潮高腾，海水飘扬"的标准中文。用现代日语解释意为"海水高高站立，上升而漂流"，也就是日文版的"海立"。而这正是日本古人所观察、描绘的海啸。

日本专家说"海啸"是中国人从日本舶来的，也有相反的说法说是日本人从中国学去的。日语中"海啸"写做"津波"，读音为"tsunami"。到1968年，"tsunami"被正式定名为国际词汇。所以，除了中国外，现在国际社会里称呼"海啸"都使用"tsunami"拼写。最早的是在德川幕府时代，一篇关于"三陆地震"的记述文里有"津波"出现。除了"津波"之外，日本人还用

"津浪""震汐",而更加常用的便是中国的"海啸",甚至原封不动地搬用"海立"。日语里,在不同时期,虽然这些词形不尽相同,形态各异,但读音却都是"tsunami"。

如果说日本第二次国际化的大规模学习是"全盘西化"。那么,第一阶段的学习就是"全盘汉化"。语言、文字、风俗、建筑、制度、装饰、习惯,都是在日本列岛出现的盛唐复制品。这一点,正如在印度的佛教经典遗失之后可以在中国找到译本一样,中国盛唐遗失的东西可以在日本找到在异域的镜像。

此时的日本,发现从中国唐朝学来的东西似乎不再强大,依靠冷兵器时代强力维持的状态也无法和列强相抗衡。他们开始考虑变更老师,转而学习欧洲的制度、文化、技术、科学。日本这个国家的有趣之处就在于,一旦发现自己处于弱者地位,就敢于立刻向强者学习,而一旦超越,则会恢复到自我膨胀的状态,直到发现下一个更强者。

当实力增强以后,内心固有的不安全感会再度充斥日本人的内心,心理上的示弱图强就会演变成行为上的稳中变强。日本对大陆的觊觎从以前的武士浪人的单打独斗型变成了国家行为,大规模侵略战争呼之欲出。但是,对于自身状态的不安全感依然存在。2011 年的东日本大地震,以及随后衍生出来的核泄漏等事件，都使位处岛国的日本加深那种不确定性和不安全感。日本内心中那种因为强大而带来的蠢蠢欲动的欲望又再度被撩拨起来，政府的冲动更加明显地显现在国际社会面前。

日本是一个孤绝于太平洋上的群岛国家，海洋把日本隔离起来，但海洋又把日本同外界联系起来。由于里漫海流和对马海流，日本海出现了大体上沿着周围陆地向左旋的环流，形成漂流性的航路。可见，由于特殊的地理环境，日本列岛在形成统一国家后的 1000 年时间里，从未受到过外族的侵入，在相对安定和长期封闭的环境里，日本要创造自己的物质文明和精神文明是很困难的。这就使日本存在向外国学习的必要性和迫切性，而海上航路又提供了向外国学习的可能，这一切决定了日本文化的吸收性。

日本对中国文化、印度文化、南蛮（以葡萄牙为主）文化、红毛（以荷兰为主）文化、西欧文化、美国文化的吸收亦是如此。其中，大化改新时期对隋唐文化、明治时期对西欧文化、二战后对美国文化的吸收，可以说是对外来文化吸收的三大高潮，其特点是以整个国家的规模进行全方位的吸收。像这样酣畅的文化吸收在世界历史上是不多见的。而在另一方面，为了生存，恶劣的自然条件决定了日本民族逐渐形成了一种普遍的实用精神，这也为其积极学习西方先进科学技术提供了重要的条件。

　　日本人经常把自己比作一把剑，剑需要经常磨掉剑上的锈以保持光亮。我们常常赞赏日本人的学习能力，他们将世界文明引进、吸收并变得独具一格，完全没有落入东施效颦的俗套，也从未闹出邯郸学步的笑话。曾经的日本人意识到了中国的强大，冒着葬身大海的危险，历尽千辛万苦来到唐朝，学习各方面的先进文化。魏源写了《海国图志》，主张"师夷长技以制夷"。《海国图志》在日本成了畅销书，"师夷长技以制夷"的思想被日本学了去，短时间内发展了起来。谦虚的日本人不曾有过天朝上国的念想，却拥有了领先世界的科技。后来，日本建立了海啸预警系统，美、俄两国也成立了相关机构。可惜像斯里兰卡和印度尼西亚这样的国家没有建造预警这"偶尔露峥嵘"的科学设施，因此吃了大亏。美、俄、日是为了自己预警，也不会白白地给别人安装报警器。

　　海洋给日本带去了永世的阻隔，海啸随时召唤着侵吞万物的恶灵，也恰恰如此维持着他们永续的魅力。他们源源不断地吸纳进步的力量，也小心翼翼地防范打破他们规则的势力。科技和资源，文化和宗教都是舶来品，但是"纳入"或"排外"，都有日本人自己的主张。

　　鬼怪生于海浪之下，而神明灵魂住在樱花树上。巨大灾难之后，普通日本人对生命、灾难、死亡、美好不断地进行着自我剖析。生长在小小岛国，与其他邻国遥遥相望。常年面临着海啸的频频袭扰，本身资源的匮乏以及人口的密集，孕育出了一个善于学习，主张谦逊，却又具侵略扩张性的大和民族。

未落雪前，清风吹过，缱绻的风留下丝丝缕缕的印记。当雪花"簌簌"落下，覆上层层积雪，日本这座海上飘摇的岛啊，就开始弥漫着纯净萧寂的氛围——"万径人踪灭"。《小王子》中说过："沙漠之所以美丽，是因为它的某一个地方藏着一口井。"沙漠的井是珍贵的期盼，才使人强忍风沙。而当你顶着风雪翻过日本的一座座山丘，眼前却是一片汪洋泽国，使人绝望。日本式海洋气候下，带着水汽的海风拂过，馈赠给他们冰清的雪花，打造出一个安静雅致的新次元。

山北海南有积雪

日本民间有着"雪女出，早归家"的古语。而从雪女的身上恰恰能看出日本人对雪的迷情。擅长制造冰雪的雪女，司掌每一个有雪存在的地方，是传统的日式妖怪。雪女拥有雪白的肌肤、漂亮的外貌、贤惠的性格，却可以在人违背誓言的瞬间毫不留情地取其性命。雪女就像日本的雪灾，在日本人心中是一种很纠结的妖怪。她冰清玉洁、美艳梦幻，同时又是灾难祸患，致命恐怖。

传说在平安时期的越后国（现今之新潟县），住在深山老林中的樵夫父子在砍柴时遇到暴风雪，被迫在山中的一间小木屋留宿。半夜，雪女到老樵夫身边，弯下腰吹口气，瞬间将其冰冻。转而看到小樵夫长得俊俏，于是她杀意顿减，只是警告小樵夫不可告人，否则杀之。说罢就消失在风雪中。数年后的一个雪夜，一位美若天仙的年轻姑娘来到小樵夫的家门前，请求他收留。小樵夫欣然接纳，二人很快结婚生子。又是一个下雪的晚上，小樵夫始终忘不了父亲的噩梦，便把当年的恐怖经历告诉了妻子。话音刚落，漂亮贤惠的妻子霎时变成了当年那个狰狞的雪女。

这个古老的传说藉由这个背叛的故事说明了日本人对于"有关承诺一事，一定要信守"的道德规范的尊奉态度，也反映了日本男女之间亦亲亦离的婚姻状态，以及属于女子性情纤细、善感又敢爱敢恨的风情面貌。而脆弱、柔美、伤感构成了雪女的灵魂，这也是日本人纤细性格中所具有的冰雪特性。

日本纬度横跨达 25°，南北气温差异显著，四季分明。加上地形多山，山地成脊状分布于日本的中央，将日本划为一侧临太平洋和一侧临日本海，山地两侧气候各不相同。冬季，受西北寒带季风的影响，北端及背靠山地的一侧降水多且冰雪堆积多。

在 1989—2013 年的 25 年间，日本因雪灾造成的死亡人数仅次于地震灾害，排在第二位。从历年因雪灾导致的死亡人数来看，北海道、秋田县和新潟县排在前三位。由此可见，出现豪雪的区域基本上都在靠日本海的一侧。西伯利亚的冷空气在经由日本海上空时吸收了大量的水蒸气，形成了积云。当强劲季风受中央山脉的阻挡，积云沿着山坡产生的上升气流上升，导致积云内部温度迅速降低。此时冬季风减弱，但积云到达沿岸平野地区，充足的雪片由积云上部的冷空气中降落在平野地带。

日本北端的北海道全年气候寒冷，冬季漫长。冬天的北海道纯净雅致，闻名于世。每年2月的北海道，都会举办一年一度的北海道雪祭盛会。北海道的雪，象征着白色恋人。飘雪的北海道浪漫幸福，美得好像整个世界都在恋爱。

阳春三月雪翻飞

据统计，日本山区表层的雪崩多发于低温和连续降雪的1～2月的严寒期，而全层雪崩多发于气温回升时的冬春交替之际。每年因雪崩导致的死伤事故多集中在1～3月。同时，步行者在冰雪路面跌倒受伤的事故也多发于1～3月。

阳春三月，岛国在纷飞的大雪里裙角飞扬。盛雪美景里的日本姑娘，习惯冬天着裙装、露大腿，就连日本的小学生，也似乎清一色的裙装和短裤。穿这么少，真的不冷吗？

事实上，日本自古就有光腿的传统。在古代，日本的裤子写作"袴"，其价格昂贵，只有武士会用作常服穿着，大多数平民只穿着类似长袜的筒子御寒。跟袴相比，长裤的价格要便宜多了。之后，欧洲启蒙思想给日本带来了一系列近代教育观念，其中也包括着装。在启蒙运动中，法国的卢梭主张年轻人应当少穿一点。卢梭认为应该给小孩子减少衣物，使他们经受寒冷、习惯寒冷，受得住酷冷的人比受得住酷热的人长得健壮。日本早期的军事改革学自法兰西，体育、教育等方面的许多内容也都效仿欧洲，其中就包括小孩子冬天光腿穿短裤的习惯。

皇室向来是民间的风向标。战后的日本皇室掀起了热裤风潮。明治天皇着西装后，民众也纷纷效仿。今天日本女生毕业典礼上常穿的女袴，是由昭和天皇的长女成子穿出名的。皇太子的短裤也成为小学生的时尚标杆，后来学校选择短裤作为男生校服，女生则穿短裙，形成了极具代表的"日系校服"风格。

日本的温带海洋性气候与中国、俄罗斯的大陆性气候相比，冬季少有刺骨生硬的寒风，从而使得日本冬季也比同纬度的中国地区舒适很多。日本拥有良好的供暖系统，地铁、电车和商场等公共场所在冬季都开足了暖气，为冬季"美丽不冻人"的短裤、短裙提供着方便。

北陆最悲是雪国

北陆是位于日本中部地方北边的日本海沿岸地区，包括新潟、富山、石川、福井四县。日本北陆听起来有些陌生，或许它没有东京的繁华妩媚，没有京都、奈良的古朴，但在冬天豪雪降落的季节，却成为日本著名的诗情画意的雪国。

川端康成的笔下有小说《雪国》，有童话般的梦幻景色，有独具匠心的美食，还有记忆中的乡村田园。这是充满文化、历史与自然之美的地方。漫天的雪簌簌降落，将万物生灵覆盖。《雪国》写尽了这个世界上不存在的美，虚无且颓废。这是人死后回归到的地方，是万物如一的境界。

日本人参透了生死只是生命旅程中的两个点。生和死，只不过是生命存在的两种方式。人本来无所谓生和死，死并不是生的终结。无生就无死，无死就无生，死才可以再生。他们悟出只有敢于肯定死才能拥有生，才能在生的时候不为死的恐惧所困扰，才会在死的时候不会因贪生而怯步。生死无常的观点，形象地表达着日本人内心对人生虚无的看法。

以茫茫的白雪为背景，自然地奠定了一片悲哀伤感的基调。日本人在唯美主义的雪国中，总是给人一种寂静清冷之感。无论是皑皑白雪亦或是层峦叠嶂，都是那么静谧悠远，透着失意、孤独、感伤。冰雪里的日本人，对"清冷寂静"的意象多次重复，是一次次生命蛰醒的象喻。这与禅宗在纷乱不已的心灵深处寻找寂静与虚无状态，从而探求生命与宇宙的本真如出一辙。禅宗认为，"菩提本无树，明镜亦非台。本来无一物，何处惹尘埃。"这与人生无常、万事皆空、灭我为无、无中生有的虚无思想有着异曲同工之妙。

　　雪落下时细微的声响和冰冷的温度，给了日本人难得的敏锐和透彻，这是他们内心的精华，也根植于日本文化当中。孤岛隔绝，寂寞如许，冰雪覆盖则更是虚空。在这片远离尘嚣的冰清玉洁的世界，所有一切都仿佛只是徒劳。忽然之间，心里一片死寂，听得寂寂雪声，把日本人推到虚空的境界。

　　这是一幅严寒的夜景，仿佛可以听到整个冰封雪冻的地壳深处响起冰裂声。没有月亮。抬头仰望，满天星斗，多得令人难以置信。星辰闪闪竞耀，好像以虚幻的速度慢慢坠落下来似的。繁星移近眼前，把夜空越推越远，夜色也越来越深沉了。县界的山峦已经层次不清，显得更加黑苍苍的，沉重地垂在星空的边际。这是一片清寒、静谧的和谐气氛。

——川端康成《雪国》

　　物转星移，花开花落，周而复始，生生不息，但今夕已非昨日，然今日花容依旧。日本人在其中，却自有一种强劲的生命力。

人类的历史上出现过无数的政权和国家，随着朝代更迭，人类的欲望不断制造着一次又一次的分分合合。对此，战争几乎都是最终也最有效的选择。作为结果，无数旧王朝被推翻，新王朝建立，皇位上姓氏换了一个又一个。但大和民族似乎是一个例外，历经千年岁月，日本天皇的血脉从未断绝。然而，皇位的传承不代表皇权的稳固。在日本历史上，那个至高无上权力旁落的时间甚至比属于它真正主人的时间还久，而这就要从日本之国祚谈起了。

国　祚

日本天皇一脉从大和民族出现之日起就作为民族的信仰和供奉而存在着。虽然日本皇室地位崇高，但其国祚却异常曲折，统治日本的权柄几经易主。日本历经了以下三个时代。

第一阶段：神皇时代，在幕府夺权之前，天皇不仅仅是日本的精神领袖，而且更处在国家权力机关的最高位置。天照大神后裔的神话色彩不仅为其执政提供了民意基础，而且也为其披上了一层神秘外纱。但让日本人无奈的是，平假名和片假名问世之前，日本缺少自己的文字。这就导致无数历史事件无法被精准记录，只能通过口口相授的方式传于后世。虽然对于无神论者而言，所谓天照大神、八岐大蛇云云都显得无比荒谬，但上古时期的大和民族对天皇神话倍加推崇。而延续了将近 400 年的平安时代更是迎来了日本社会文化发展的全盛时期。

第二阶段：幕府时代。盛极而衰仿佛是人类历史的必然规律，盛世之后紧随而至的就是乱世。后醍醐天皇执政时期前后乱局丛生，贵族阶层和文官集团争斗不休，藤原氏、平氏、源氏三大家族先后上位，前者属于天皇公家的文官阶层，后两者虽同属天皇血脉，但代表的却是位阶较低的武家。在之后的历史舞台上，首先是平、源两家携手推翻了藤原氏，随后两家也开始争斗，起先平家取胜，掌控朝局，并几近灭了源氏满门，但却如"赵氏孤儿"的故事一般，忘掉了源氏的两个孩子。是年，其中一个年仅十四岁，另一个还只有两岁。20 余年后，平家手握朝廷权柄，家族势力如日中天之时，那两个孩子挟着仇恨和野心赳赳而来。当年那个逃出屠杀魔爪的娃娃名为源义经，率领军队横扫了平家几乎所有军事武装。而年长的孩子则依靠其卓越的政治才能替代平家，站了日本政权的最高位，并最终建立起了幕府统治的雏形——镰仓幕府。他就是开创日本幕府时代的第一代将军——源赖朝。自此，皇室沦为象征，如困兽一般 800 年间都没有逃出被幕府摆布的命运。

第三阶段：立宪时代。时间来到 19 世纪下半叶的幕府末期，当时的日本，内外交困。从国内看，以天皇为领袖的公家和以幕府将军为代表的武家争斗不休；从国外看，由于幕府百年间坚定奉行闭关锁国政策，因此当美国的军舰突然驶入江户湾时，上至天皇、将军，下至平民百姓都如遭当头棒喝。在这种背景下，德川幕府的最后一代将军大政还朝，将手中的权力全部还给了天皇公家。时隔800多年，天皇终于又一次成为国家真正的掌舵人。

从大和民族绵长却曲折的国祚来看，皇室能够为了生存而一代代地隐忍几百年，算得上是可敬可佩。但是最让人感叹的是明治天皇能够开眼看世界，主动变革，这不得不说是同一时代的清廷所不具备的领袖素质。

战　国

日本的战国时期处于室町幕府和德川幕府两个时期之间，持续了百余年。纷飞的战火不仅彻底毁灭了室町幕府的统治，而且也磨砺出全新的幕府机构。但要论"战国"则必先有"国"。历史上日本实行分封制，在五畿七道下设令制国拱卫天皇，战国时期的令制国达66个。战国之前，令制国并非由公家掌控、天皇统领，而是由武家收在麾下，而其领主也绝非文人政客，而是具有高阶武士身份的大名。由此可见，一旦幕府将军无法压住大名的欲望和野心，这几十个武力集团相互倾轧的场景绝对可以用"超级热闹"来形容。对于具有政治身份的武士阶层而言,争斗意味着荣耀和自我价值的实现,而对于非武士阶层的百姓们而言,这种争斗除了灾祸别无其他。

15 世纪下半叶,应仁之乱、长享延德之乱和明应政变等一系列骚乱相继爆发。这期间,非传统高层的实力拥有者身份日渐上升,下级代替上级,分家篡夺主家,家臣消灭家主的"下克上"观念迅速在群岛蔓延。传统的等级制度开始崩坏,数十个令制国的守护大名为了争夺领土和资源开始相互倾轧,百年战国、群雄逐鹿的序幕正式拉开。

在几十年的小打小闹后,武力已成为权势的唯一来源,在各地领主厮杀的战争中,日本逐渐显现出统一的趋势。就像我们通过曹操、诸葛亮、鲁肃等人的生平就可以知晓三国的历史一样,通过以下几位,我们也可以深刻知悉日本战国年代由纷争到一统的那些过往。

武田信玄

信玄出身为甲斐国豪门武田氏。在信玄夺取家督职权的第二年就遭遇到一次来自相邻令制国的入侵。信玄以其卓越的军事素养进行迎击抵抗,最终击退了来犯之敌。同时,他还制定法度,稳定秩序。我们所谈到的"战国"一词就出自其主持制订的《甲州法度之次第》中所谓"天下战国之上"的表达。在发展生产的同时，信玄开始攻打位于甲斐国西邻的信浓。但胜利的天平不会总倾向于一边，此战成了他一生中最大的败阵。五年后信玄卷土重来，这一次他攻占信州主城深志城，并在之后的三年里以深志城为据点，通过修建军用道路赢得地利，进而实现了三路进击征伐信浓的可能性，最后以摧枯拉朽之势称霸信浓国。

1573 年，征战一生的武田信玄病逝。信玄自弱冠之时走上战场，一生没有停下过杀伐的脚步，而这也是战国时期武士的宿命和选择。在信玄人生最后的三年里，他依然忙于和异军突起的织田军交战，甚至没有顾得上身体的不适。由此可见，战争在当时被当作是天职和必然。在那些岁月中，人们无畏死亡，轻视生命，为了胜利的荣耀和争斗的野心，将自己的生死置之度外，同时也将草菅人命视作寻常。那年春天，信玄的油尽灯枯迫使其属下决意返乡，但他最终还是没能赶上家乡樱花的绽放，于邻国信浓驹场薨逝。

织田信长

对于幼年信长的顽劣和不尊礼教，无论是正史还是野史都有所提及，其真实性在此不置臧否，但是其洒脱豪迈的性格倒是与织田家的樱花家纹相得益彰。战国的争斗不仅体现在不同势力间，而且还体现在同一势力内部。17 岁的信长以嫡长子身份继承家督后，很快就迎来了两次族内战乱。25 岁时，信长通过内战确立了对其所在令制国尾张的支配权。之后，信长开始了他"天下布武"的征途。随着信长势大，自 1569 年起的十年间，诸大名对信长开展了三次大规模的围捕，期间信长耗死了武田信玄和上杉谦信两大劲敌，并亲手毁灭了室町幕府。但四年后，信长死于一次莫名其妙的叛乱，这个叛乱头子是织田旗下大将明智光秀，史称本能寺之变。

一代将星陨落，织田信长在生命的最后阶段不问缘由，绝不苟且，用自焚这种轰轰烈烈的方式结束了自己波澜壮阔的一生。在日本历史乃至世界历史上，信长都可谓英雄。他以寡敌众的豪迈和问鼎天下的气魄不仅在当时为其迎来了众多拥趸，而且在其死后的几百年间依然为后世所仰慕和钦佩。在他的身上，大和民族千年积淀下来的对于死亡的轻蔑和对于崇高精神的追求被传达得淋漓尽致。信长的英雄情结和领袖气质不仅体现为不在乎自己的生死，更表现为他对于他人生命的漠视。而这种"万物为刍狗"式的精神境界不断被掌握国家机器的人效法，而人民的生命就此沦为草芥。

德川家康

在谈德川家康之前，笔者觉得有必要交代一下信长的身后事。本能寺之变后，光秀兵败遁逃遇刺重伤。背叛者最后的结局是由其家臣为其"介错"。战国末期的笔墨都围绕着乱世最后的枭雄丰臣秀吉以及为大和民族打开新局面的德川家康展开描绘和记录，首先让我们认识一下这位未来江户幕府的一代目将军。

相较信长、信玄等人，同时代的德川家康显得尤为年轻，而且虽然同是出身豪族，但德川家康的母族实在是一个相当弱小的门阀。然而，他的身上却有着与其年龄不相称的沉稳和城府，这和他曾经的质子生涯有着必然的关联。这一段童年的晦暗时光不仅让他学会了隐忍，更让他结识了汉学大家太原雪斋，受到了很好的教育。

和武士道所推崇的英雄情结不同，德川家康似乎是很珍惜生命的，至少是自己的生命。受局势所迫，在战国的硝烟中他没有和任何一方做过殊死搏斗。他起先追随尾张，后来又转为联合信长，期间还和信玄的势力推杯换盏，直至信玄陨落。

时间来到 1582 年，本能寺的孽火照亮了京都的夜晚，名将自戕不再言表，但原本稍显明朗的局势又一次复杂起来。之后，无数次血流成河，无数颗人头落地，期间主导着日本风云变幻的是为信长报仇的秀吉，也就是后来的丰臣秀吉。随着北条氏的覆灭，日本终于迎来了室町幕府之后名义上的统一。而德川家康也踏上了其个人和家族的命运之地——江户，继续韬光养晦。

最后的决战时刻在 1600 年初秋到来，德川军团在经历最初的不利后，很快将形势扭转，反抗军团的石田三成、小西行长、安国寺惠琼等人被斩杀于京都六条河滩。自此，德川家康消灭了全部的敌对诸侯。战后的德川家康没有被胜利冲昏头脑，他积极处理政务，调配大名间的领土，保证了过渡期间的政局稳定。三年后，德川家康被朝廷任命为征夷大将军，即幕府将军。这一年是 1603 年，已过花甲的德川家康亲手结束了百余年来的战国纷争。其身后，德川幕府的统治大幕缓缓拉开，一个充满风花雪月的江户时代即将到来。

在这里不得不说，家康身上所兼具的某种投机主义气质与传统武士道精神极不相符，并常常被后人拿来诟病。可是德川时代开创了幕府以来纷争最少、百姓最和睦的时期也是不可否认的事实，无数的才子佳人的故事都被定位在了这个温柔的时代。虽然好像逃不出历史的宿命一般，它于 200 年后还是迎来了消亡，"挟天子以令诸侯"的把戏玩不下去了，幕府存在的价值就被击得粉碎。但是德川幕府也确然营造了一片净土，为人民开辟了安身之所。它所终结的不仅是战火纷飞的乱世，更是视生命为无物的极端价值体系。

　　特殊的地理位置给日本带去了诸多灾难。前面各章讲到，由于地处太平洋板块和亚欧板块之间，日本时刻面临着地震灾害，同时还经受着海啸的袭扰。2011 年东日本九级大地震引发的海啸，便带走了比地震灾害更多的生命。而象征优雅的富士山虽已沉睡百年，但何时再度喷发并未可知，此外日本还有诸多大大小小的火山坐落各地。

　　在自然灾害之外，人为灾难也不少。日本历史上各种内战不比中国大陆少，遍及日本九州岛上的各个县，仅九州就有福冈、佐贺、长崎、熊本、大分、鹿儿岛等多个县。按照日本的行政规划，"县"其实就相当于中国的"省"。通过参观各县的旧城遗址和博物馆，就能发现其各自割据的历史痕迹。每个县都曾由一个或多个家族在此统治，那么，地盘与地盘之间不断易主，必然引起纷争和战火，而历史遗留下来的战时古迹便是最好的说明。在本州岛，踏上广岛旧城的时候，就能看见十几米宽的护城河以及多个用以防御，被称作"橹"的军事设施。此外，藩主驻扎的城池多是建在局部最高位，而天守阁更是为了对全城战机形势进行监控而设置的。去过大阪的人都知道，当年丰臣秀吉所建设的天守阁，其规制可谓达到了顶峰。

　　我们很容易想象日本当年的烽烟四起，和它的邻居中国及朝鲜并无两样。日本历史上也有一个三国内战时代，在上一章中提到的藩国之战在幕府旗帜下实现了统一。内部问题解决之后，丰臣秀吉在名义上统一了日本不久，胸怀大志，部下也是战将林立。日本便开始着重思量起了对外扩张的问题。

我们熟悉日本浪人在中国漫长海岸线上的零星挑衅，以及他们同中国海匪的勾结。但是，就当时日本的国力，小打小闹都是皮毛，根本无力对中国造成筋骨之痛。更何况，多次骚扰进犯，中国也有戚继光等名将对日本的侵略馈以毁灭性的回击。所以，在 13 世纪末期面对蒙古来袭还只是无奈地做待宰的羔羊，最后幸运地靠上苍的稀有垂怜——台风——才迫使忽必烈的军队退回大陆，保留了日本，而没有过早地使它成为蒙古版图的一小部分。在大国军事力量重压之下，他们退而求其次，转而谋求朝鲜半岛，并期望以此为根据地，进而对更深更远的亚欧大陆另起谋图。到了 16 世纪，侵朝战争成为日本一次规模庞大的劳师远征。不过，朝鲜虽然弱小，也有李舜臣这样的名将，且有适宜海上作战的龟船。另外，更重要的，明朝从东北出兵朝鲜半岛，给当时的日本侵略者以极大的打击。尽管如此，战争还是坚持到了丰臣秀吉过世才得以结束。

此后，日本经历了明治维新的西化历程，克勤克俭地终于再度强大起来。要从日本列岛这片"被诅咒的土地"上再度开拔，迁居大陆避灾存续的念头又一次涌上日本政治家的心头。于是，日本在中国的清朝时期打响了甲午战争，随后又挑衅俄罗斯，展开了日俄战争。后计入主力，在亚洲太平洋上进行了更大规模的侵略，并进一步挑起第二次世界大战这些无一不表露着日本对外扩张的汹汹野心。

为了能够立足于安稳的领土，摆脱世代都想逃离的颤抖飘摇的岛屿，日本人"求存之战"的准备可谓精心又长久。他们对中国地理的勘测从未中断，对中国以及亚太诸国（包括远在太平洋彼岸的美国）的探知也在不断深化，自身也从教育树人上提升国民素质，军事进攻之法也练到了极致。经过了严密的战争准备，日本开始整体性对外发动侵略扩张。泰国在第二次世界大战前的名字叫暹罗，国民以泰族为主体。和中国的关系一直还算和睦。但是二战开始后，日本伺机瞄上了暹罗。同时，暹罗看到日本在亚太地区攻城略地，也有意向其靠近。两国开始结盟并策划了不少危及中国的活动。从暹罗改名为泰国这一行为上，当时的中国政府和学界就看透了这一阴谋。因为中国也有大量的泰族人（后来周恩来总理将我国的泰族易名为傣族，以和泰国的泰族区分开来），根据 2018 年第十期《读书》首篇葛兆光的文章《当"暹罗"改名"泰国"》所述，日本和泰国所图显然不单纯是改名这么简单，而是要将整个泰族纳入新国名之下的版图中去，从而侵占中国的国土并削弱中国的实力。当时的人文社会科学学界的大学者，如傅斯年等对此事进行过同样的表态。从这些小细节上可以看出，日本对于中国乃至亚太的图谋可谓精细且深远。规划蓝图大到宏观国际战略，细枝末节小到微观射击技术，日本在方方面面都进行了全面准备。

日本人所谓的"大东亚共荣圈"建设，本质上就是延伸日本本国国土。为了将国家利益实现国际化，他们用尽手段。战争过程惨不忍睹，包括严令禁止的生物化学武器。他们也胆敢利用中国东北的731部队去大肆实验制造和使用，甚至在中国东部多个省份投放，残暴的灭绝人寰的行径令人发指。然而，正义永远不会缺席，在全世界反法西斯同盟的共同努力下，日本在各个战场节节败退。但是因其实力尚存，日本仍想顽抗到底。最后，重要同盟国美国终于决心对日本施以终极战争手段——使用核武器！

1945年8月6日，第一枚正式使用的核武器，绰号为"小男孩"的原子弹被投掷到了广岛上空，瞬间将广岛化为地狱。9点14分17秒，一架装载着原子弹的B-29视准仪对准了广岛相生桥的正中，启动了自动投弹装置。60秒钟后，原子弹从打开的舱门落入空中，45 秒钟后，原子弹在离地 600 米的空中爆炸，白色闪光过后，广岛市中心的上空发生大爆炸，蘑菇状烟云升起，广岛成为火海。随后，黑雨落下，覆盖了中心城区。"小男孩"落下后，7.4 万人失去了生命，7.5 万人身负创伤。死里逃生的人未来还将面对身体和精神上终生的双重痛苦。

日本决策层此时以为美国只有一颗原子弹，"小男孩"落地后还尽力掩饰广岛被炸的情况。然而三天后，绰号为"胖子"的第二颗原子弹在长崎上空炸响。它是一颗钚弹，长约 3.6 米，直径 1.5 米，重约 4.9 吨，TNT 当量为 2.2 万吨，爆高 503 米。市内约 60% 的建筑物被毁，伤亡 8.6 万人，约占全市总人口的 37%。轰炸长崎的整个过程也充满戏剧性。8 月 9 日 9 点 5 分，轰炸机奔着第一候选城市小仓飞去。糟糕的是，空中云层密布，地面能见度也很低。轰炸机盘旋 3 周后始终未能找到 5 号军火库的轰炸目标，而日军的地面防空部队又开始发射高射炮。从截获的日本截击航空兵使用的频率看，小仓可能会有战斗机升空拦截。经过慎重考虑，长崎成为最后的"倒霉孩子"。飞机在 10 点 28 分抵达长崎上空，由于天气也不好，第一次飞机未能找到目标，但是燃料箱显示油料不足，飞行员明白再次进入时无论如何也要把"胖子"投下去。于是，向机上人员宣布："改用雷达瞄准，准备投弹，返航。"上午 11 点 2 分，由 5 架 B－29 轰炸机组成的突击队将原子弹投到长崎市中心，炸开了日本的另一个地狱之门。终于，8 月 15 日，日本宣布无条件投降，并于 9 月 2 日签署投降书。第二次世界大战至此结束。

细想美国选择广岛下狠手的主要原因，是它作为一座陆军之城，是日本本土防卫军第二总军的司令部所在地。广岛的港口，在半个世纪左右时间里，先后有大量日本兵登上运兵船侵入朝鲜半岛与清军作战，侵入东北（当时叫奉天）与俄军作战，侵占卢沟桥、南京、武汉、泰国的桂河大桥参加侵略战争……同时，广岛附近也是日本的海军基地，拥有第一流的造船厂。如果京都和东京的政治意义过大，美国人弃置一旁，那么广岛、小仓、长崎作为候选城市被选中，都是因其本身的重大军事意义。

笔者之一曾于 2018 年的 1 月底前往广岛，在博物馆和现场看到了战时留下的种种痕迹。漫步在广岛原子弹爆炸的影响区域，河上相生桥不远处就是当时受影响最严重的产业奖励馆。一座本来很漂亮的欧式建筑，剩下空荡荡的地基和已经变形的金属框架屋顶。过桥就是纪念广场，中心是一个马鞍形的雕塑，应该是取其"避难所"的形象含义。雕塑之下还有一个棺材形的水泥雕塑，上面书写着"在和平下安息吧，错误将不再重复"。

　　周围环境广阔，马鞍下视线穿过去就是产业奖励馆的残址，场景幽静而平和。漫步周边，还可以看到纪念韩国人的慰灵碑。文字说明中写着第一次原子弹投下后，有两万多韩国人因此殒命。这个数字让当时的笔者万分惊愕——死难者总数七万多人，韩国人竟占了近三分之一！可见那个时代，韩国和日本的关系已经极为密切了。而从广岛原子弹爆炸广场上的这个纪念碑上，我们也意识到，当一个国家成为掠夺者，被其掠夺的对象也会因为掠夺者的毁灭而烟消云散，做了殉葬品。

　　回头再翻看梁启超先生在1910年撰写的《朝鲜灭亡之原因》，可以联想朝鲜半岛的民众从1910年被占领到1945年"二战"结束的35年里，民众们又承受了怎样的亡国之痛！其实，在那个阶段，韩国人非但要被征召进日本的军队、工厂，女性甚至被迫做慰安妇，大家还必须以日语作交流语言，每个人都要取一个日本名字，以至于战后脱离了日本统治的韩国人，一时间都不习惯被人称呼自己的韩语名字了。

　　和在广岛一样，笔者同样在长崎从爆炸中心点一直走到了原子弹爆炸纪念馆。日本的原子弹爆炸纪念馆不断渲染着原子弹造成的影响，展示了大量原子弹下变形扭曲的器物，两个城市的纪念馆内部还都设有不少音响视听室，参观者可以戴上耳机聆听受影响者的口述。笔者观看了后期模拟当初爆炸的录像，以及纪念馆内或外面散落的残垣断壁，还有大量的纸鹤叠成的各色纪念性标志物，感慨万千。一方面，日本军国主义者发动了战争，但是最后的两颗原子弹却使很多与战争无干的平民承受了灭顶之灾；另一方面，当世界崩塌的时候，没有一片叶子是无辜的……

长崎作为一个港口城市，也是日本靠朝鲜半岛和亚洲大陆最近的城市之一，"二战"后恢复得比广岛要稍微好一些。今天的长崎夜景已经极为美丽，夜樱绽放之处，引来令人沉醉的温柔海风。2012 年，长崎、香港、摩纳哥在某排行榜中被评为"世界新三大夜景"。登上 333 米海拔的稻佐山，眺望整个长崎的夜景，海的映照和璀璨的灯光交相辉映，美轮美奂。当时被摧毁的教堂也得到了重建，在和平广场上，除了一个将基督教的神和佛形象重叠在同一个雕塑上的上帝佛之外，就是各国各个城市赠送的以和平为题的雕塑艺术品。不过断柱残石都还小心翼翼地被放置于周边，述说着当年战争的沧桑。

每年 8 月的纪念日，日本政界都会举行大型活动。当然，民间活动更是比比皆是。除了悼念亡灵之外，也是祈愿和平。而灾难的根源是否已经根除才是最要害的问题。日本的抗震设置已经非常完善，从高楼林立的东京到农家遍野的北海道，都有了根本性的改善，而地震不会不来，火山的防范也一再被提上议事日程，富士山基本不再允许人攀登，其它活火山的监控也都投入了大量的技术力量，为了抵御海啸，在岸边设置了大量的防浪堤，各种避难场所和设施也都力争普及。

生于灾难频仍的地区，各种灾难纷至沓来，当不得不面对这一切不可抗力的时候，自然就会想到逃离。逃生是本能啊！但是哪里有刚好空着的彼岸乐土啊？于是，凭着学来的本事去争、去抢，力量不足时被频频打退，再添祸殃；力量强大之后就给他国之民带去巨灾和痛苦。随后，力量倒置而再度被击败，更大的痛苦和悲伤倾泻而下。

然则何时而尽？可惜没有终极答案。只能在不给他人造成负面影响的前提下，不断提升自己的抗灾能力。灾难无法预防和消弭时，用自己集聚的应急能力去应对，去和灾难谈判、和解，进而恢复到正常状态。灾难在此反反复复无穷尽也，而生命总归延续不绝。

下篇　灾难日本

因羽毛雪白，姿态优雅，鹤在中国文化中一直有着崇高的地位。深受中华文明影响的日本也出现了许多与鹤有关的美好意象。日本平安时代的许多工艺品上都能看到鹤纹，其中鹤衔松枝或是立于松树上的图样最为流行，这样的组合与中国"松鹤延年"的寓意别无二致。

丹顶鹤的寿命有 60 年，在鸟类中的确算是长的，能成为长寿的象征不足为怪。日本奈良时代流行的一首歌谣中唱道："仙鹤寿千龄，仙鹤寿万代"。对于灾难和战争频发的岛国而言，长寿似乎成为一种奢望，却也始终寄托着人们不懈的追求。樱花与仙鹤，同是日本极具特色的美好意象却又大相径庭，一个极其绚美、稍纵即逝，一个仙风道骨、寓意长生。红尘与闲云，现世与隐世，须臾与不朽，就这样在日本人心中奇妙地并存着。

中国古代有梅妻鹤子的林和靖，终身不娶不仕，植梅养鹤，怡然自乐。日本古代也有"鹤妻"的典故，故事流传之广甚至衍变出多个版本，主人公无论是渔夫也好，樵夫也罢，都是从救一只受伤的鹤开始。不久后，一位美丽的陌生姑娘主动要求做他的妻子，两人开始了相依为命的生活。为了贴补家用，妻子把自己关在房间织布，布料是简单的黑白两色，却有水波一样的韵律，光滑又细致。丈夫拿了布匹卖了好价钱，高兴地不断央求妻子

"再织一匹布！"妻子只有一个条件，就是不能让人看到她织布的过程，就算是丈夫也不行。在好奇心驱使下，丈夫没有听妻子的话，偷偷打开了房门，在他眼前，坐在纺车前的哪里是妻子，分明是一只白鹤！那鹤正埋着头，用长长的喙子啄着身上的翎羽。看到男人，白鹤惊慌失措，还没来得及织好最后一匹布，就跌跌撞撞走到门口，抖抖翅膀飞走了，再也没有回来。高贵的鹤，为了报救命之恩，宁愿拔下自己的羽毛纺成布匹，而贪婪的人类看起来并没有资格接受这样的回报。故事结局是悲情的，鹤作为美好女性的化身更让人回味，最后的离去亦如飘零的樱花，凄美而又决绝。

根据这一神话故事，日本现代著名作家木下顺二先生创作了话剧《夕鹤》，后来又在 1952 年由作曲家团伊玖磨先生谱写成歌剧。团伊玖磨充分运用西洋歌剧的艺术手段创作出富于日本民族风格的歌剧《夕鹤》，并多次赴海外演出，受到各国人民的热烈欢迎。这一歌剧也曾数次登上我国舞台，为增进中日两国友谊做出过贡献。在歌剧中，美丽的仙鹤被一青年农民与平相救，仙鹤见与平为人诚实，善良勤劳，遂产生爱慕之情，变成美丽的姑娘阿通和与平结婚生活。和神话故事版本不同之处在于，丈夫与平是在贪心商人的怂恿和金钱的诱惑下逼阿通织锦换钱的。故事的结局依然是仙鹤离开了人间，重新回到鹤群。

歌剧诞生于战后日本历史的转折点，当时作为日本占领国的美国，为了适应国际斗争的需要，加紧推行复活日本垄断资本的经济政策，致使市场萧条，中小企业破产，出现了大量裁减职工的现象，激起工人群众的强烈不满和反抗。刚刚从战争噩梦中醒来的人们，几乎丧失了生活的信心和进取的勇气，精神上的苦闷空虚和现实的残酷使他们看不到未来的希望。所以歌剧中与平和阿通的幸福生活是建立在偶然的情缘上的，并且好景不长。他们生活在一片雪地中孤零零的小破房里，在人们看来显得格外萧条、凄清。那布满天空的火红的晚霞，透视出了饱受创伤的人们的心灵世界。被金钱蒙蔽双眼的与平，在商人怂恿下，从一个勤劳善良的小伙子变成好吃懒做、贪得无厌的自私鬼，他忘记了和阿通在一起的初心，忘记了曾许下的诺言。对此，阿通并不明白，因为她始终保持着纯洁、晶莹、透亮的心，她对庸俗的东西不能理解。当与平和她说起要织锦卖大价钱时，她说："不懂。你说的话，我一句也不懂。"当与平和商人谈如何如何赚钱时，她只能看见他们的嘴在动，可一点也不明白那些话。只有在孩子们身上，她才能找回快乐。她经常和孩子们一起打雪仗、唱歌、打树杈玩，沉醉在远离尘嚣的纯真世界中。仙鹤化身的阿通，一如既往保留了日本人对一切美好无暇事物的想象，但最后这样的美好还是被人的贪欲葬送了。剧中结尾与平在茫茫雪夜到处奔跑呼喊阿通名字的场景，反映了战后日本人内心的苦痛、焦虑和悔恨。

诸如此类围绕鹤展开的艺术作品还有很多。仙鹤那富于曲线的脖颈，挺直纤细的长足，一身洁白的羽毛，配上头顶鲜艳夺目的红冠，极符合日本人独特的审美。但是在日常生活中，真正的鹤并不常见。为了将这一美好形象留在身边，日本人民极尽所能，创造了各种写实会意的鹤纹、鹤团图案，茶杯、餐盘、和服、建筑上处处能看到鹤的倩影。人们还用纸折成鹤的形状，纸鹤成为一种祈福许愿的方式应运而生。并且有个说法，只要折够一千个纸鹤，愿望就能得到满足。这其中还有一个感人至深的故事。

1945年日本广岛的小女孩佐佐木祯子受到原子弹爆炸辐射，当时她只有两岁。祯子慢慢长大，进入小学后身体状况逐渐恶化，诊断结果是白血病。她住进广岛红十字医院接受治疗，医生说她最多只能再活一年。为了安慰羸弱的孩子，妈妈告诉她只要折满一千只纸鹤，她的病就能好了。祯子开始每天在接受治疗之外折纸鹤，她将痊愈的希望折叠进每一只纸鹤里，再把每只纸鹤用线串起来，挂在病房的天花板上，知道这件事的人们也开始为她亲手折叠纸鹤。当时的广岛红十字医院还有另外一些遭受核辐射的病人，各地人们送来的纸鹤被挂在医院里鼓励这些不幸的人，许多病人因此受到鼓舞，重新感受到生命美好的力量。佐佐木祯子收到的纸鹤越来越多，但生命留给她的时间却越来越少，最后，病魔还是无情地带走了这个坚强勇敢的小女孩。为了纪念逝去的幼小生命，为了鼓励幸存者，也为了祈祷和平，成千上万只纸鹤承载着人们的祝愿被送到了广岛。

如今，在纪念原子弹爆炸事件的日本广岛和平纪念公园内，有一座儿童纪念碑，也叫原爆之子塑像。它还有个名字，叫做千羽鹤纪念碑。这是 1958 年由日本学生和儿童捐献建成的。纪念碑顶端是一位手托巨大纸鹤的青铜少女塑像，她目视前方，表情庄严，双臂高高托起一只纸鹤，仿佛是要将纸鹤送向空中。塑像下方的石碑上刻着这样的碑文："这是我们的呐喊，这是我们的祈祷，为了在世界上建立和平。"这一雕塑正是为了纪念佐佐木祯子小姑娘，也是为了纪念那些同她一样因原子弹爆炸和在战争中死去的人。据说原子弹爆炸瞬间造成的直接死亡人数有 8 万人，但是因辐射引发癌症等后遗症造成的慢性死亡和恶性遗传造成的伤痛者人数无从估算。每年 8 月 6 日，许多热爱和平的人士都会聚集在和平纪念公园内举行纪念仪式，悼念那些在原子弹爆炸和战争中不幸罹难的人们。来自全日本各地的纪念者，其中有很多中小学生，将亲手折叠的五彩纸鹤摆在纪念碑前，替小女孩完成她生前的愿望。在广岛，纸鹤是无处不在的，甚至超越了和平鸽这一传统的和平信使的形象，红、黄、粉、蓝……色彩斑斓、成行成片的纸鹤为庄严肃穆的和平纪念公园带去一抹抹亮色，也让人不禁感叹——假如没有战争，佐佐木祯子，连同成千上万在战争中死去的广岛儿童，应当拥有比纸鹤还要绚烂明媚的童年吧！

"二战"的伤痛在时间面前渐渐被抚平，而折纸鹤的这一传统却被保留下来，为人们带去美好祝愿的纸鹤也被世界各地越来越多的人所熟知。送纸鹤已经不再仅仅表达对患病亲友的关怀，更多的是一种真诚纯洁的祝愿。在旅日期间经常可以看到各种材料制成的鹤，无论商铺、酒店还是机场，员工亲手折叠的纸鹤都代表了对来访客人美好的祝福。许多前往日本的人都有这样类似的体验，在结束一天充实而又疲惫的旅行后，来到下榻酒店的房间，总能看到一只精巧的纸鹤，这是酒店特意为客人准备的。一只小小的纸鹤，使异国他乡的夜晚多了一丝温馨和暖意。

然而，这一寄托人们美好祝愿的纸鹤也曾给日本人带来过麻烦。众所周知，日本是一个多灾多难的国家，灾难过后的援助行动除了包括为灾区人们提供生活必需品外，还会有不少人邮寄纸鹤送祝福，但是正因如此，灾区甚至出现过纸鹤泛滥的情况。

　　2011 年，日本"3·11"大地震后，等待救助的灾民挤在收容所里，食物和水是他们最需要的物资，但是当他们迫不及待打开救灾包裹却发现里面只有纸鹤时，那种失望无疑是对他们再一次的打击。"我永远不会忘记当时的绝望和随之而来的愤怒……"一位幸存者这样回忆。近几年，日本更是遭遇了大大小小的洪灾，无数房屋被冲垮，道桥中断，更有 200 余人在洪水中丧生，大震面前无惧色的日本人在这次洪灾中伤亡惨重。其他地区的居民为表示关心，为灾区送去了成箱成箱的纸鹤。本指望接收各种救援物资度过生活难关的受灾群众，面对"百无一用"的纸鹤着实为难。扔掉？似乎拒绝了别人的善意；不扔？这一堆纸鹤又能作甚！在急需重建家园的灾区，纸鹤成了最无用的垃圾。更让人感到无奈的是，此次日本洪导致灾交通基本瘫痪，输送救援物资基本依靠直升机，为了运送纸鹤，原本有限的运输空间显得更为紧张，这对灾区来讲无异于雪上加霜。并且，考虑到灾区捐款中还要专门拿出一部分钱处理纸鹤造成的垃圾，也确实浪费资源。日本网民不得已在网上呼吁，"请停止给灾区邮寄纸鹤。""求求你们，不要再寄垃圾了！"

　　据日本相关机构统计，纸鹤在"二次灾害"中排名第一。其余几项分别是无法确认的海外食品，无法长期保存的冷冻食品，过期或非保存食品及过旧或不合气候的衣服。从不轻易给对方添麻烦的日本人，这时候却因为好心滥用给灾区人们带来苦恼，也使纸鹤这原本祈福祝祷、抚慰心灵的物件成为灾区最不受欢迎的摆设。因为送纸鹤的传统由来已久，一时难以割舍，此前曾有人委婉地表示过灾区需要更实用的捐赠，但依然无法阻挡人们送纸鹤的热情。继东日本大地震与 2018 年日本洪灾后，越来越多的日本网友开始正视送纸鹤的问题，直截了当地表示灾区不需要纸鹤这样的"垃圾"。网友建议大家可以为灾区送去善意的鼓励、祝福，但不是把纸鹤寄到灾区，而是选择自愿折叠、自愿保留的办法，心意到了就好。甚至还有人建议用纸币折纸鹤寄给灾区，也比邮寄一堆废纸来得实在。相比之下，捐款捐物、当志愿者会更让人愿意接受。

这不禁让人思考，一向考虑周全、自律节制的日本人怎么会在"送爱心"这件事上给他人造成困扰和麻烦呢？"不给别人添麻烦"是日本人的特质之一。很多人说在日本这样一个高龄化国家，公交地铁上很少能看到年轻人给老人让座的。倒不是说年轻人不懂得尊老，而是老年人不愿意为别人制造麻烦，他们会选择避开上下班高峰的时间出行，实在避不开时也不会和年轻人争抢座位。他们觉得既然自己有能力单独出行，就没必要接受他人特别的照顾。类似的还有不在公共场合大声说话，看报纸折成小块以免影响他人，宁愿分开坐也不和别人换座位……如果不小心给别人添了麻烦，则一定要予以回报，否则情义上过不去。日本多地曾发生地震，洪灾、滑坡、泥石流等灾害也较为普遍，虽然没有确切的调查证实送纸鹤的是哪个地区的日本人，但是这其中一定有曾在某一次灾害中接受过他人捐赠者，抱着"投之以桃，报之以李"的感恩之心——正如《夕鹤》中报恩的仙鹤姑娘一样——送纸鹤给灾区的人们希望他们渡过难关。也许并不清楚受灾群众尚缺什么物资——总不能直接去问灾民吧，那会给人家添麻烦——总之送纸鹤是不会错的。于是乎，数不清的纸鹤飞到了灾民身边。

对此事倒也有着另一种解读，不给别人添麻烦实际上也是不给自己找麻烦。高自杀率的日本社会被众多人认为是人际关系淡漠到极致的表现，这种淡漠源自一种利己主义。在送纸鹤一事上，日本人并没有认真考虑过灾民的实际需求，他们只是一厢情愿地付出爱心，首要满足了自己的"圣母情怀"。说这是"伪善"似乎有些言过其实，对灾害有切肤之痛的日本人总不至于对自己受灾同胞如此虚伪，但他们确实从未以集体之名将自身与他人考虑在同一范围，自己与他人是任何时候、任何情况下都应该分清楚的。即便是他人尚处于水深火热中，为了自己方便，为了不承担冷漠的骂名，爱心还是要送的，至于送什么呢？当然是纸鹤了。

"爱太深容易看见伤痕/情太真所以难舍难分/折一千对纸鹤/结一千个心愿/传说中心与心能相逢……"纸鹤传入我国台湾地区后，成为邰正宵的代表歌曲，20世纪末还曾获得十大中文金曲奖，据说这首歌的灵感源自歌迷赠送的纸鹤。和日本涌向灾区的纸鹤不同，在我国，纸鹤更多地成为了表达深情与诉说衷肠的信物，正如歌中唱的"我的心，不后悔，折折叠叠都是为了你……"在灵秀双手下翩翩翻飞的纸鹤除了表达爱与和平，又增添了一份属于爱情才有的甜蜜与青涩。当成串的纸鹤在风中起舞，仿佛在轻轻呼唤心底那个名字，似躲闪，又相迎，想挽留，又回首，在夜里梦里反反复复。千纸鹤，千颗心，千份情，在风里飞……

在两次日本之旅后，对典型景点或城市景观的大体风格了然于心，之后便想要有目的地参观日本的灾难文化遗址。所以，长崎，是的，长崎，终于还是见面了。

和广岛不同，长崎在遭受原子弹轰炸方面只是第二个城市。对于更喜欢"首次""第一""率先"这类词的人而言，第二的重要性和意义似乎陡降。但是，长崎不然。如果没有炸在长崎上空的那颗"胖子"，日本和整个世界为敌的状态还不知道要持续多久。

现代的日本人，总是表现得彬彬有礼，理性而充满友好，但这只是个人素质而并非群体选择。个体经过教育，终会将自己的素质提升到一定高度，令与之交往的人如沐春风。但是，对于一个区域或整个国家的理性选择，首选肯定是趋利避害的。自然灾害是日本的第一大害，这使得居于其地的人避之唯恐不及，却又无法避开。这样，自然就催生了日本人欲躲之而后安的愿望。在日本尚无能力走出本岛的时候，他们通过不断地学习隐忍磨剑。不管是大化改新时期向隋唐的学习，抑或从朝鲜半岛舶来并泛滥于此的佛教，还有明治维新时期对欧美现代化技术和管理方式的模仿，其目的首先便是强大，之后就是为了逃离。但是那些属于流淌牛奶的"上帝应许之地"早已被占光，唯有与之争夺换取平稳之地。可是没有强盛的武力，怎会有与人争夺的资本。更何况，旁侧的中国和俄罗斯在历史上始终要比日本强大太多。

宝剑锋从磨砺出。日本很不容易地在第二次世界大战时用自己的坚船利炮攻进了中国以及东南亚的很多国家和地区，甚至攻占了美国在太平洋上的一些岛屿。美军所在的珍珠港也被轰炸一空，胜利形势如此清晰，日本人绝对不会因为一个广岛的原子弹就放弃之前几代几十代人努力夺取的一点点希望。所以，广岛上空的原子弹，日本没有想要为之投降，存续实力的他们可以继续拼杀。

最终"胖子"几经辗转，降临到了长崎上空。原子弹最终在长崎的浦上引爆，将距离中心炸点仅有 500 米的教堂彻底摧毁。此一炸，彻底打碎了日本企图避祸他移的强国梦，而它的未来只能凭借其国民的坚韧不拔，待在动荡的本州、四国、北海道、九州四片岛屿上发展抗灾技术，研究对应灾难策略。所以，长崎是日本人侵略梦醒的地方。自此，日本人冲出"诅咒之地"的梦想又回到了起点。但是，对于死伤的 8.6 万长崎人，以及随后不断因为核弹辐射影响，接续死掉的更多人来说，从天而降的"胖子"是挥之不去的梦魇。

当时许多天主教徒正聚集在教堂举行弥撒仪式，最终都因辐射和教堂倒塌而全部身亡。长崎本是日本当时最大的天主教徒聚居地，也是日本天主教早期的发展中心。长崎一带有 4% 的人口为天主教徒，占了相当高的比例。当地教友经历了数百年的政府压迫，即使是在丰臣政权与江户禁教时代，仍然有教友秘密地保持信仰，至 1865 年禁教令结束后才再度为外界所知。从"胖子"落地的炸点走出去，教堂的残垣断壁随处可见。被炸 14 年后，浦上天主堂得以重建，三年后成为天主教长崎总教区的主教座堂。

我们见多了宗教间的冲突，虽然最重要的三个宗教都源于小亚细亚，但是一个南向到了印度发展成佛教，一个往西发展成基督教，随后又有各种分支出现，基督教成熟几百年后在当地又出现了伊斯兰教，也曾经纵横捭阖，在整个亚欧大陆以及地中海沿岸播撒种子。最后，不同教义之间必然的冲突就成为造成整个世界冲突的主要原因。这是"文明的冲突"，而不是世俗所论及的政治意识形态差异导致的当今世界的主流危机，这一观点也造就了亨廷顿的学术地位。

其实，在亚洲，俗世是希望将精神世界调和在一起的，比如，中国有儒、释、道的三合一，庐山上甚至达到了五合一，把伊斯兰教也纳入进来，基督教则再分一个天主教出来。而南亚的印度，从根儿上说，佛教的很多教义来源于婆罗门教，也许是因为乔达摩·悉达多王子自己不是出身于婆罗门，而是第二层级的刹帝利，所以强调众生平等。而后来的源出婆罗门教的印度教又吸收了佛教的合理成分，变成了今天印度的国教。但是，不管是中国的多教合一还是印度的相互借鉴，在具体形象上都还是分开的。而日本，在一个雕像上实现了两类主流宗教的形象神的各半合体。

不同宗教能够在亚洲融合，但在欧洲就很难实现。我们熟知的十字军东征、再东征、继续东征等，其间调和的可能性越来越小。日本之所以能够实现上帝与佛祖合一，有其历史渊源。佛教从中国再经由朝鲜半岛传到日本后，因为其体系化特征慢慢取代本土比较零散的神道教，而成为日本全国性的信仰。所以，对于佛教来说，它在日本是有基础的。各地佛教寺庙也很常见，而"一休大师"的知名度更是颇高的。而之所以是基督教却不是神道教，也是因为基督教近代在长崎的存在有充分的脉络可寻。实际上，江户时代的丰臣秀吉把基督教作为邪教对待，在1597年，一次性杀了26名忠实信徒，其中最小的仅12岁。之后，在长崎当年的行刑地上建了26圣徒纪念馆。据说，该地与圣经中基督被钉在十字架上时的高尔高沙山冈酷似。

由基督教和佛教在长崎的历史基础来看，将其合而为一也在情理之中。在日本列岛上，不同宗教为了同一个目的而进行调和并无不可。就教义而言，很多宗教本就有大量重合之处。而根据对日本信仰人口的统计，信教的人次是总人口的两倍左右。换句话说，在日本，平均每个人会同时信奉两个不同宗教。我们推测，其中一个是本土的神道教或者早期传入的佛教，另外一个则可能是当今的三大宗教之一。

在丰臣秀吉时代禁教的环境下，为了保持自己的基督教信仰，甚至出现过将十字架或圣母玛利亚的形象隐藏于观世音像中的做法，算是玛利亚与观世音的合体，和上述的这个上帝佛的塑像是一脉相承的。那么，和平公园上的和平祈念像，那折叠起的右腿不就是喜欢蹲坐于莲花之上的佛祖形象吗？可是举起的右手又不似佛祖。作者说它象征着原子弹爆炸的恐怖，但我觉得更像是高举起来给迷途羔羊的指示。作者对雕像设计理念解释为以下诗句：

和平祈念像作者题记

那场噩梦般的战争

令人毛骨悚然的凄惨

呼儿唤母的真情

实在令人不堪回首

有谁还能无动于衷

不去祈祷世界和平？

作为世界和平运动先驱

一座和平祈念像在此诞生

巍巍如山的圣哲

他威武雄壮健美

全长三十二尺有余

右手指天象征着原子弹爆炸的恐怖

左手象征着祈祷和平

他的表情是在为战争的死难者祈祷冥福

他是超越种族的人类代表

他既是佛又是上帝

他是人类崇高的希望和象征

——北村西望 1955 年春

其实，多重信仰在灾难较多的地区是常见现象，而日本则格外特殊些。因为本国的原始信仰就是多重的，信奉之物也成百上千。日本几乎每个村都有神社，神社所供神灵也是五花八门。植物、动物、不同人等皆可成神，接受参拜。甚至有些生前不仅没做过什么好事，反倒是坏事做尽的人，也可以在死后被敬为神明。甚至象征死亡和腐肉的乌鸦也备受日本人的敬重与膜拜。日本的"开字杆"就是隔离神界与人界的象征物，但凡到过日本的人都会被这类四处可见的标志物所惊倒——神社的分布竟是如此广泛！所以，灾难频仍的日本万物皆可信。

对于三大宗教中的伊斯兰教，在日本的信仰者也就十几万人样子，对文化氛围也没有大的影响。如此，将比较成体制的另外两种宗教的教主形象，在一尊雕塑中合二为一来指代和平，确为合理。矛盾的日本人，对多重信仰的融合也变得恰如其分。

德国哲学家海德格尔在他的《存在与时间》里面提到："死是人之最本己的，无所关联的，确知而不确定，是超不过的可能性。"海德尔用"确知而不确定"来为自己的生死观点题，强调着人终有一死，但同时又无法确定死亡究竟会在哪一天来临。

人是一种时间性的动物，死亡是悬挂在我们头上的一把利刃，随时都有可能掉落。

灾难暗影

有幸在熊本县立美术馆欣赏到画家堤启一的画作，是源于一场以灾难为主题的展览。杂草枯枝万物破败，断壁残垣扑面而来。残破的房屋塌而未塌，烟花弹下是灾祸致死的新闻报道。还有那灾难过后暗黑不知所向的楼梯间，微亮的光线透出窗外无法复刻的世界。无奈、孤绝、丧失温度，是展览中的每一幅画所喷薄的灾难氛围。

与绘画类似，日本风格的音乐也擅用小调，而不象中国大陆作曲时更多偏爱大调。有钢琴家曾经以《一分钱》的旋律演示中日音乐风格的不同，果然日本风格的调子就沉郁一些。

灾难画作，或是对灾难现场或灾后实景的描绘，或是通过抽象而式微的画法表达直观感受。但围绕灾难展开的创作，都逃不开和死亡的对话。而画家们惯常都会希望通过对现世灾难的描绘，

堤启一作品，展于熊本县立美术馆

来呼唤对生的渴望。濒临绝境的人，会有最本能的求生欲，喷薄出最有力量的挣扎。但是在日本的灾难画作里丝毫没有呼吸感，沉浸其中简直令人窒息。生命就在暗影里戛然而止，在寂静的笔触下表达着：没关系，就由着死亡它随时来。

画为心境

对于大部分普通人来说，一幅画作一看构图，二看色彩，三看光影，四看笔触。

从构图的角度来看，不朽名画《蒙娜丽莎的微笑》便是典型的三角构图。三角构图会使得画面整体稳定感十足，主体放在三角形中，或主体呈现三角形，也使得主体明确突出。而在日本的灾难画作当中，他们非常有力度地突出了灾难的冲击，没有任何三角形可以拼凑出牢靠感，反倒是处处都彰显着"岌岌可危"。整张铺开的静物，为了凸显零落破败，也找不到鲜明的主体。灾难之后死寂无一物的样子，也画出了日本人的隐忍、阴郁和集团主义。

"低饱和度"是日系风格的最大特征。不仅仅是绘画，衣着饰物、料理用度，凡是用到色彩的地方，在日本少见哪处施以浓墨重彩。但是，日本人偏爱对暗黑色下重彩。日本浮世绘大师Takato Yamamoto 的画风精致美丽，其中却带着黑暗诡异。画作抒情寓意，格调高雅蕴藉，充满诗情哲理，透着淡淡的伤感。日本画师アボガド因其暗黑系创作而出名，他深谙"直视黑暗才能越过黑暗"的道理，并以此为黑暗发声："如果我们不能阻止黑暗发生，那就尽可能让自己身处光明。"日本人深切地明白，他们真的无法阻止灾难的发生。

光影是色彩的温度。以光亮提点画作，光线可以拉长人的视线，而暗影则惹人沉浸，引发人的感想。英国简朴派对绚烂光影的热爱质朴且真诚。他们的画作总能给精神蓄氧，唤起对自然的向往和对生活的热爱。印象派大师莫奈的画作则侧重于捕捉瞬间移动的光影。凝视之下，好像晚霞会渐渐遮住落日，幻化出星光点点的夜幕。而日本的画作重意境、重思绪和情绪的表达。低饱和度的色彩必然折射不出高亮的视觉冲击。看着心里很平静，也能静下心来慢慢欣赏。渐渐的，浮起心头的痛感，没有炸裂和巨响，而像是给人心口一记闷拳。

海德格尔在他的《存在与时间》里还说道："世界上的'人'，必将通过情绪、领会、语言等方式与各色各样的事物打交道，世界也就在这种展开中同时成为人的舞台。"诗为心声，画为心境。日本画作当中，充满象征的"致郁风"，没有宏大的场面，没有复杂的绘画解构，没有造作的周全，只有很多情绪。每一笔着墨，都是日本人面对灾难无能为力、无法宣泄的压抑情绪。

　　他们有太多无处排解又不敢表露的情绪。从奈良美智的《背后藏刀》受到热捧、火爆全球就可以说明。日本艺术家奈良美智的巨幅作品《背后藏刀》以 1.7 亿落槌，成交价为 1.957 亿港币，刷新其个人拍卖纪录。它道出一语双关的警示：画中并无标题所述的武器，凝造出宣而不战的紧张氛围，让人提心吊胆，而隐藏的刀子更是强调了伺机而动的突击意图。她想通过"我认为孩童是不受外界影响，也不需要在意他人眼光且能真实生活的时期。但随着时间的转变，人会意识到自己也是社会的一分子，会开始明白顺其自然，并透过压抑自己的情绪与人和平共处。但毕业后，艺术表达成为我日常生活的一部分，我开始渴望我的童年，因为在那时，我可以随心所欲地大喊、嬉笑、跳跃，这些都是长大后几乎忘记的情感，其启发让我重新评估人最重要的价值观。也许，我希望能透过小孩的作品来许愿，这莫忘初衷，不是想当一个自私的小孩，而是能像小孩一样。"她压倒草间弥生，成为目前日本身价最高的艺术家，因其画作是日本大多数人的内心画像，他们渴望自我救赎。

　　日本人在与灾难的对话中不断成长，现世的灾难以及社会的内压来临，使他们一夜长大。夏天终究过去了，那最纯粹地表露自己的感觉和表情的时代，也终究过去了。

向死而生

为什么要去刻意强调死亡呢，在希望和快乐中活着难道不是更好么？我们从日本的灾难画作中欣赏什么呢？

——向死而生。

在朝向死亡的恐惧下理解生存。

孔夫子在《论语》里面有一句话，叫做"未知生，焉知死。"它代表了中国人一种典型的生死态度：生的事情你都还没弄明白呢，死你管它干什么？

逃避对死的思考在某种意义上就是在逃避对生的思考。日本人紧张于一生锁有的时间限制，所以他们讲"一期一会"，要追求短暂但极致的灿烂。

向死而生并不意味着真的选择去死，而是意味着在邻近绝望和死亡的那一刻，选择更好地去生存。死亡是最无法逃避的事，所以要在生时尽力而为。当为死做出先行决断的时刻，便勇敢承担起了现世灾难带来的一切后果。

是什么让日本人选择悦纳死亡？羞耻心是拉近日本人与死亡的链接，耻感文化会要了日本人的命。所以，是他们追求壮烈和洁净的羞耻心让他们面对死亡从容不迫吗？

　　或许，日本人看待死亡不仅仅是恐惧，他们也没有哪一刻心甘情愿地直面死亡，他们只是在剧烈动荡的灾害毒药里浸泡得太久，已然麻木了。因为身处岛国的他们，根本无法逃离高悬头顶的死亡利刃无时无刻不给他们带来的威胁。

石黑一雄的
远山淡影

2017 年诺贝尔文学奖颁给了英籍日本作家石黑一雄。他在 1983 年 28 岁时出版了处女作《远山淡影》，这部作品不仅助其在文坛崭露头角，也是他后来获得各种奖项的重要筹码之一。

"远山淡影"这个词在中国人听起来很容易产生共鸣，它既有水墨画的风韵，也颇似古诗词中借用意象的手法：一切都是远的，淡的，模模糊糊、若有似无的，但你的心头又仿佛总缭绕着一层薄雾，在这看不清的景色里似乎发生了什么，在这道不明的情愫中又好像牵挂着什么。作者在这种背景下会讲述什么样的故事呢？我只能想到两种，一种是梦境，一种是回忆。

《远山淡影》便是用梦呓般的语言，碎片化的叙述，断断续续讲了一个回忆中的故事。整本书都是平缓、安静的，有时候甚至过于缓和，让人对后文的好奇心都丧失了。但好在婉约含蓄是东方审美里共通的，我们容易想到看似平静的表面下必定隐含着深意，于是便能够带着期待继续读下去。而作者也并没有让人失望，在故事的最后，举重若轻地揭露了一个石破天惊的秘密，让人回味无穷。

整部作品是一个日本女人不尽翔实的回忆。彼时她已定居英国，在阴雨天里回顾已逝的前半生。故事的主体发生在"二战"后的日本，遭到了巨大破坏的石黑一雄的家乡——长崎。这种作品与现实的重合，经石黑一雄用异性的口吻写出来，便显得主观情感不那么浓烈了，作者的用意仿佛在于：不要试图探究我的人生，静静听故事即可。

作品在最开始便介绍了主人公悦子的状况：她居住在英国，有一个混血的小女儿妮基，曾经还有一个日本大女儿景子，但景子后来自杀了。小女儿的拜访和大女儿的死亡将她的回忆带到了战后的日本，一个炎热的夏天——她与邻居佐知子相识的场景。当时悦子怀有身孕，与丈夫居住在战后新建的四层公寓楼里，公寓楼崭新，设施完善，里面住着的大多是年轻夫妇，有体面而稳定的工作，已经有了向新生活迈进的势头。而佐知子带着女儿万里子住在在战争中幸存下来的一栋小木屋里，这座河岸边的小屋破败、昏暗，是整个村庄被战火摧毁后留下的唯一住所。其他人都不愿意亲近佐知子，因为她"傲慢"，一口"东京腔"，还有一个"美国朋友"，唯有悦子对她产生同情和理解，走进了她的生活。

通过悦子的视角我们得知，佐知子原本生活在一个富裕的家庭里，接受过良好的教育，甚至英文也学得不错。但由于战争的原因，她搬到了长崎暂时落脚，之后可能搬回自己的伯父家，或者跟那位"美国朋友"一起去美国。而佐知子的女儿万里子早已到了上学的年龄，却没有去学校，她性格敏感、内向，同时又倔强，对他人充满了戒备。她唯一喜爱的就是自己的小猫们，也只有在猫咪面前才会表现出孩子的柔软和童真。

全书的叙述方式很像一个微醺的老朋友在你面前讲着她的故事，想到哪里讲到哪里，有时会让你搞不清楚时间线，有时又不知把一些"不相干"的片段放在一起。但随着阅读的深入，便能很明显地感受到着墨的重点在于母女之间的关系，即佐知子和万里子奇怪又别扭的关系。

在悦子和佐知子相识不久的一天下午，她发现佐知子的女儿万里子在与其他孩子打架，于是赶紧向佐知子说明情况。但佐知子仅仅淡淡地说了一句："我知道了"，便继续向前走去。悦子依然担忧，继续表示孩子们打得挺凶的，万里子的脸都划伤了。佐知子却笑着反问悦子："你不习惯看小孩子打架?"并岔开了话题："谢谢你的关心，悦子。你真好心。我肯定你会是一位好母亲。"

又有一天晚上，万里子失踪了，母亲佐知子出门去找她，并请悦子陪伴自己。在找了一圈无果之后，悦子猜测万里子去河对岸了，但佐知子却说："我想不会，悦子。其实，要是我没猜错的话，她现在已经回去了。大概还很高兴自己惹了这些麻烦。"于是两人便朝小屋走去。在途中，悦子依然建议去对岸的树林里看看，但身为母亲的佐知子反而并不那么担心，她说："树林里？我女儿不会在那里的。我们进屋去看看吧。没必要这么担心的，悦子。"说完她笑了笑，虽然悦子感觉她的笑声里"有丝丝的颤抖"。回到小屋之后，两人发现万里子并不在，佐知子这才说去河对岸的树林里看看。然而，在过桥时，佐知子突然谈起了自己当晚和"美国朋友"的经历，"我们最后去了酒吧。我们本来是要去看电影的，加里·库珀演的，可是排队的人太多了。城里很挤，又有很多喝醉酒的。最后我们去了酒吧，他们给了我们单独的一间小房间。"这不合时宜的讲述，让人觉得佐知子那一刻似乎竟然是快乐的，也让人怀疑她对这次"约会"的快乐是否多于对女儿的担忧。随后两人进入了漆黑的树林。佐知子拉住了悦子，悦子顺着她的目光看过去，发现离河很近的草地里"躺着一捆什么东西"，悦子的第一反应是要冲过去，但佐知子还呆呆站着，"是万里子。她静静地说。当她转过头来看着我时，眼睛里有一种异样的神情。"待两人过去查看后，发现是万里子，她躺在水沟里，眼睛睁着，用奇怪空洞的眼神盯着两人。"短裙有一面浸在黑色的水里，血从她大腿内侧的伤口流出来"。佐知子将万里子带回家，进行了简单的梳洗。当悦子建议报警时，佐知子说："警察？要报告什么呢？万里子说她爬树，结果摔倒了，弄了那个伤。"

没有人知道万里子经历了什么，但也许正如悦子所说，在母亲佐知子眼里，她好像是一个"易碎的、没有感觉的洋娃娃。"

母女两人的冲突集中展现在佐知子为去美国而收拾行李的一个下午——她最终淹死了万里子心爱的小猫们。"她把小猫放进水里，按住。她保持这个姿势，眼睛盯着水里，双手都在水下……她厌恶地把湿漉漉的小猫扔回盒子里，关上盖子……她仍旧抓着盒子不放，最后双手把盒子一推。盒子漂进水里，冒着泡泡，沉下去了。"在这残忍决绝的过程中，小小的万里子都在母亲后面默默地、面无表情地看着。似乎所有人都知道她在想什么，却又没有人在乎小小的她在想什么。

而关于悦子本人和万里子的相处情节也充满了诡异色彩。从表面上看，悦子关心万里子，也许是出于一个成年人对朋友的孩子自然而然的责任感，而万里子对悦子半信半疑，可能是由于孩子怕生的本性。在悦子看到万里子和别的小孩打架，并报告给佐知子无果后，最终还是放心不下，亲自去看望万里子。"万里子穿着一件普通的到膝盖的棉布连衣裙，剪得短短的头发让她的脸像个男孩子。她抬头看着站在泥土坡上头的我，没有笑容。"当悦子跟她打了招呼之后，万里子依然盯着她，没有吭声。悦子问她怎么没有去上学，她还是不说话，过了一会儿才说："我不上学。"之后问到有关学校的事，万里子都重复这个回答，并且退后了一步，然后一边目不转睛地看着悦子，一边弯下腰捡起鞋子，做好随时要跑的准备。这种反应很像小动物对猎人的恐惧，也许在万里子眼里，和蔼的悦子就是要伤害她的那个猎人。

又有一次佐知子出门，让悦子帮忙照看万里子，但万里子又在黑夜里跑出了家门，悦子不得不挺着大肚子去找她。在走过草地的时候，一条绳子缠在了悦子的脚踝上，于是她便把绳子解下来，拿在了手中。找到万里子时，她正坐在草丛中，她对悦子说的第一句话是："那是什么？""没什么。我走路时，它缠住我的脚了。""到底是什么？""没什么，只是一条旧绳子。你为什么跑到这里来？"万里子没有回答，突然开始说起了自己的小猫，她很担忧小猫找不到新家的话，就会被佐知子淹死。突然她又问："你干吗拿着那个？"悦子又解释了一遍，但紧接着悦子似乎也被什么情绪操控了，不再似之前那个和蔼理智的大人，她对万里子说："你刚才的表情很奇怪。""我没有。你干吗拿着绳子？""你刚才的表情很奇怪。非常奇怪。"我们可以看到，这些对话中充满了答非所问，这样不停重复的只言片语，也让人不禁开始思考：绳子被解下来就行了，悦子为什么要把它拿在手里呢？其实从始到终，她都没有给万里子，也没有给我们一个正面回答。

正如前面提到，佐知子一心想去美国，过"稳定体面的"、充满可能性的生活。当悦子提出如果万里子不适应美国的生活怎么办时，佐知子非常严肃甚至有些不悦地告诉悦子，自己是把女儿的利益放在第一位的，日本不适合女孩子生存，去了美国万里子才能有更大发展。然而万里子是非常抵触去美国的，她从小跟着母亲颠沛流离，非常缺乏安全感，很向往稳定、温馨的日本传统生活。这一点是母女两人的根本矛盾。母亲眼里的救命稻草——美国朋友弗兰克（实际上是一个不靠谱的酒鬼），在万里子眼里是"臭水沟里的猪""在床上大便""像猪一样撒尿"。但仔细思考会发现，为何万里子对弗兰克有这么大的敌意呢，仅仅是因为他承诺要带妈妈和自己去美国吗？而她对弗兰克荒诞又细致的私密行为的描述，仅仅是出于想象吗？作者在这里借"童言童语"给我们留下了猜测的空间。

作者在书中给人们留下的疑问和暗示比比皆是。再比如佐知子在追求去美国的过程中，也曾经动摇过。有一次她提到，孩子意味着责任，但弗兰克害怕责任，所以他很害怕万里子。接着又说，在东京时，弗兰克曾经失踪过，把积攒的钱三天内全喝光了，其中很多都是佐知子的钱。佐知子去做女佣，好不容易把钱凑得差不多了，又被弗兰克挥霍了。而这次，他又失去了联系。被佐知子找到时，他"正和一文不值的酒吧女郎泡在酒吧里"。佐知子说，"我怎么能把我女儿的未来交到他这种人手上？"在这段对话之前，万里子已经跑出家门了。对话结束后，悦子建议去找万里子，佐知子却说："不用，她很快就会回来了。她想待在外面就让她待在外面吧。"然而，这句话之后，紧接着的竟然是悦子自己的思索："如今的我无限追悔以前对景子的态度。毕竟在这个国家，像她那个年纪的年轻女孩想离开家不是想不到的。我做成的事似乎就是让她在最后真的离开家时——事情已经过去快六年了——切断了和我的所有关系。可是我怎么也想不到她这么快就消失得无影无踪；我所能预见的是待在家里不开心的女儿会发现承受不了外面的世界。我是为了她好才一直强烈反对她的。"

悦子突如其来的思索和对佐知子的回忆之间有什么关系呢？她做成了什么事？如果有"真的离开家"一说，那么景子是否曾经"假的离开家"过？悦子强烈反对景子什么呢？……

仅看悦子、佐知子、万里子三人，就能产生很多疑问。比如悦子最后怎么去英国的？她原来的丈夫怎样了？她肚子里的孩子去哪了？佐知子和万里子去了美国之后生活得怎样呢？再考虑到其他人物，整个故事扑朔迷离，却又隐隐约约指着同一个方向。

书中提到在佐知子离开佐贺前，悦子陪她们母女去稻佐山走走。稻佐山是长崎的山区，俯视港口，她们坐缆车上了山。那是悦子"那些日子的美好回忆之一"。在书的最后，小女儿妮基问母亲是否还想念日本，悦子说："我想是的。我今天早上给你的那本日历，上面是长崎港口的风景。今天早上我想起有一次我们到那里去，一次郊游。港口周围的那些山非常漂亮。""那天景子很高兴。我们坐了缆车。"

至此，所有的疑点得以揭示。

正如开头所说，《远山淡影》是石黑一雄的处女作，且这第一部作品就获得了英国皇家学会颁发的温尼弗雷德·霍尔比纪念奖。有人说英国人欣赏的，不仅是日式温和细腻的写作风格和东方隐晦委婉的叙事手法，更多的是作品里的悬疑氛围。这一点有其道理，不过即使对于熟读东方作品的中国人来说，这部作品碎片化的叙事手法，跳跃却连贯的思维框架还是值得赞叹的。也不禁让人好奇，什么样的人会写出这样的作品呢？

我们来看作者早些年的经历，也许能找到一些蛛丝马迹。1954年石黑一雄生于日本长崎。1960年，6岁的他便随家人移居英国，从此在英国定居，并于1982年获得英国国籍。1983年开始发表小说。他从小便接受英国教育，受英国文化和传统的熏陶，也渐渐地把自己当成一个英国人。尽管他具有日、英双重文化背景，但并不刻意强调亚裔身份来博取亚裔文化认同，而是以国际主义作家自诩，因此他的小说中的背景和人物也横跨欧亚文明。但日本人的基因血液，或者说家庭的影响，一直在他身上发挥着作用。从他的作品中经常能感受到，他是在用日语的叙事方式写英文小说。这一做法与家人对故土的复杂情结是分不开的：自从来到英国后，家人总会计划什么时候回日本看看，但计划却一直没有实现。而在英国主流社会中，石黑一雄被当作边缘化的少数族裔来看待，很难在主流社会中获得真正的归属感。这种漂泊无根的感觉也造就了他独特的表达方式，看似平淡安静，实则压抑着强烈的感情。这又何尝不像是每一个表面谦和、礼让、克制，实则在内心有强烈感情的典型的日本人啊。

石黑一雄自称对日本并不了解，作品中的大背景都是通过自己的揣摩展现出来的模糊的印象。但是在人物方面，不得不说他的确知道怎样塑造日本女性的形象。

在书中我们可以看到两个截然不同的女性。悦子年轻、简单，性格温顺，对丈夫的照顾无微不至，将小家庭打理得井井有条。同时她又怀有身孕。在这样一个稳定和睦的家庭里，很自然地珍惜现有的生活，是我们很容易在日本看到的女性形象。而佐知子年长，经历了很多事情，她从高处跌落低谷，知道体面、优渥是怎样的，也尝过落魄贫困的滋味，所以她心里有更加强烈的信念，渴望摆脱蝼蚁般的生活，重新获得充沛的物质和尊严。这种强烈的信念也赋予她不顾一切的力量。虽然伯父家安定、平静，能给她很好的庇护，但她依然想要去美国，这是一种冒险，同时也是一次机会。这正是佐知子在经历过大起大落之后最想要的——给自己一个逃离过去的出口，一种全新的可能。这更像是一些表面平和的日本女性所具有的勇敢、倔强的内心。

悦子和佐知子是那么不同，但读完全书就会发现，悦子和佐知子是融为一体的。她们是一个女人的两面，抑或是一个女人在不同的境遇下展示出的两种状态。佐知子的目标和欲望没有错，她已经从悦子成长为了另一个人。但遗憾的是，她的女儿万里子，依然处在悦子的世界里，她甚至更加脆弱、天真，更加依赖和向往传统的日本生活。万里子是佐知子摆脱不掉的过去，她不能像物件一样被遗弃，也不能像小猫一样被淹死。佐知子将她强行带到了美国，是出于爱，也是出于自私。但万里子毕竟是一个有复杂感情的人，最终承受不住内心和现实的冲突，了却了自己的生命。扭曲、荒唐，终以这样的形式结束。

记忆是会撒谎的，或许出于大脑的自我保护机制。我们不仅可以选择性失忆，也可以篡改旧的回忆，编造新的故事。人有时不清楚自己在做什么，或者不清楚当下的决定会产生怎样的后果，当走过之后回望才发现，后悔也好，痛苦也罢，都已成定局了。这时编造一些谎言骗骗自己，总好过直面血淋淋的事实吧。就像战争过后，故土重修，新楼建在废墟之上，掩盖了旧楼的尸骨，然后时间的车轮滚滚向前，人们搬入新居，或者远离旧土。但无论搬到哪去，记忆和基因都如影随形，往事的痕迹也已经刻在生命里，时不时在某个阴雨天里来敲打心房。

许多日本作家，不管受西方文学作品的多大影响，创作出来的东西还是有着浓浓的日本味儿。2017 年获得诺贝尔文学奖的石黑一雄，尽管长期生活在英国，但写出的《远山淡影》仍然是以日本风格作为底色的。

同样受西方影响的作家村上春树也不例外。他原是音乐行当的人，后来改写小说而逐渐成名，便开始专事文学创作了。他因《挪威的森林》等书越发有了国际影响，到了《1Q84》，则开始面对日本邪教对人施以精神控制的问题，并为此而编了一部长长的小说。相较于它所致敬的乔治·奥威尔的《1984》中的物理控制，精神控制有更为特殊的地方，而这恰恰也是日本现代社会不得不面对的新型灾难之一。随后，他又花七年时间打造了长篇小说《刺杀骑士团长》，尽管是以抽象概念的传奇故事作为起始，结果还是将一切纳入到了东日本大地震引发的巨大灾难的宏观背景里去。终究，对于日本来说，灾难淹没了过往的一切，一切又都能在灾后重新开始。

日本作家的色情与唯美

看日本的小说，哪怕是唯美的，也会不时地蹦出些色情内容。川端康成的《千纸鹤》《雪国》都是这个类型。这倒不一定是作家们刻意为之，而是日本这个民族本来就不以色情为耻。我看过一些欧美作家去日本采风或者留居，书写其印象记或评述文，有关这一点的发现也令他们惊讶不已。

其实，那片岛屿上同时存在着一个羞涩的日本和一个放荡的日本。如本尼迪克特所言："矛盾的两重性在日本人身上表露得格外突出，在对性的态度上也是如此。"村上春树的诸多作品，包括成名作《挪威的森林》乃至代表作《1Q84》里面都不乏这类描写。新出版的《刺杀骑士团长》也是这样，而且从某种意义上说，这种不避讳也是推动情节的助力。比如，新故事里的男主角，因妻子出轨而沮丧逃离的画家，在小说末尾又回到了妻子身边。回归更多的是因为他当时在遥远的他乡通过梦境和妻子交媾，而妻子刚好在那个时间段怀了孕。从而在他的心目中，虽然完全不可能，但还是认为超越当下空间和时间而最后诞下的女儿大约是自己的骨肉。一前一后就足以构成一个闭合的通道，令其重拾旧爱。

之前的《1Q84》难道不是吗？女主角青豆和男主角天吾也是通过类似的渠道实现孕育。没有任何身体接触，只是通过一种被作家生造出的"空气蛹"的介质，青豆就怀上了恋人的孩子。从一个明里是运动教练，暗里是女杀手的身份，过渡到了孕育新生命的母亲角色。

从某种意义上说，新小说《刺杀骑士团长》里那个逃避的画家通过自己兼职美术教师的身份勾引两个有夫之妇，正是他和这个世界保持世俗联络的重要通道。这一点和上一部作品的设计并无二致。而这部小说整体看上去却是一个极其无趣的故事，一个"被出轨"的男人，不忍心妻子离开而主动躲到朋友爸爸（更有名的画家）作画的世外桃源，生活了半年多的时间。其中，和画家出轨的两个女学员，一个将近 30 岁，另外一个 40 岁出头的样子，前者备受老公的家庭暴力，后者就是平淡生活里寻找刺激。后来又缓缓出现另外一个女人，虽然偷情对象是邻居免色涉先生，那位居住在不远处山上别墅里委托画家画个人肖像的 IT 人士。但是，这三个成熟女人对于情色的态度和观点也是极度日本化的。

这个陡然来到陌生环境的画家得以了解自己所居环境的背景资料，很多都是通过情人之口，上床之余的聊天。也仅此而已了。小说主体内容几乎就是内心主观经历的故事化，出现了理念、隐喻、多重隐喻等抽象概念凝成的人物形象，涉及的真实人物则极其稀少，过程并无太多跌宕起伏。但是却被作家写得波澜壮阔，令读者大呼好看。

从我读过的村上春树的诸多小说看，几乎到了无色情则无推动的地步，让我这样的保守人士实感诧异——其实情节进展完全可以脱离这些低级趣味的嘛！

《1Q84》的故事如果从头开始说，其实是日本的某邪教团体头目自己无法操纵亲手建立的组织，乃至自家女儿也深受其害。女教徒们（包括未成年的女儿）为了留住教主骨血而在教内极尽淫乱之能事。后来女儿逃离了邪教盘踞的庄园，扭曲的心态逐渐回归世俗社会。

《刺杀骑士团长》如果也捋一个脉络，那就是去奥地利留学的日本画家雨田具彦爱上了当地的姑娘并跟随她加入了反对纳粹的激进组织，却因刺杀失败而被抓。好在日德之间存在轴心同盟关系，自己又是家室深厚，最后竟得以被秘密释放回国，但从此只能隐姓埋名于艺术圈里，作品风格也从西洋油画转到了日本画风。而欧洲经历带来的回味与痛苦则体现在一幅未面世的作品里，通过唐璜刺杀骑士团长的故事表达了自己对于过去的回忆，中间也插入了画家弟弟被征召到中国战场而备受精神折磨，以至于在回国后自杀的内容。

如果说《1Q84》的社会意义显著些，那么《刺杀骑士团长》的个人意味则更为浓重些。但是，在两部小说里，那些我们熟悉的所谓表现"中心思想"的篇幅往往被一扫而过。其他富有神秘气息的内容则被重重勾勒，包括本节前面说的，色情部分成了小说不可或缺的组成部分。比如，杀手青豆赖以减轻内心压力的方法是到五星级酒店，随性寻找合适的男子过夜。后来又和亦有此癖好的女警官联袂出击，寻欢作乐。《刺杀骑士团长》中的画家的这一段奇遇，也是因为要躲开出轨的妻子而任精神去流浪才得来的。中间牵扯进来的免色涉先生，也是基于女友在突然嫁给别人前可能刻意怀了自己的孩子，从而引发出接续的关注和情节发展，然后想通过画家这一介质，进入到"可能的女儿"——那个13岁小姑娘的日常生活中。

新小说《刺杀骑士团长》里的女孩秋川真理惠和《1Q84》里教主的女儿深绘里都是十岁出头的小孩子，但都在思想和行为上早早地完成了成人仪式。深绘里和天吾之间顺理成章的性爱，秋川真理惠则在第一次单独和画家见面的时候就大谈乳房发育之类，后来则毫不避讳地谈及姑母与可能是自己父亲的免色涉先生之间的情人关系。

综合来看村上的小说乃至日本整体的小说，真可谓无色不成书。这一点恐怕只有深刻了解了日本文化后，才可能坦然面对。

"理念"之可以被杀死

作为一个知名小说家、畅销书作家，是件痛苦的事情。痛苦主要在于突破以往的自己非常困难。

阿瑟·黑利的突破在于换一个行业，从航空港到制药业，从医院的最后诊断到晚间新闻的制作播出，再由汽车城的生产到政治界的龌龊；丹·布朗的做法是从达芬奇到但丁，从现代化的数字城堡到失落的古老秘符。而村上春树显然已经不再需要钱，甚至不再需要什么关注，包括诺贝尔文学奖的垂怜。他可以将与小泽征尔极其无聊的对话写成一本《与小泽征尔共度的午后音乐时光》，居然也可以大卖。

他所缺少的是文体上的突破，是小说内容上的创新。

如果说《挪威的森林》描述的是一些不正常人类的不正常思想情感，那么，《1Q84》就更加玄幻到将时空随意变换，精神可以完全超越当下的四维空间，到达无可名状的状态。精神控制便成了促使这一切发生的背景。七年后，这个写作周期大约类同于丹·布朗，村上又能在哪里创新呢？答案在《刺杀骑士团长》中给出了一部分。里面有了三部小说里很难出现的东西：理念、隐喻、双重隐喻。

贯穿全篇的是"理念"，它以一个身高60厘米的骑士团长的模样出现，而这一象征来自阁楼里深藏的一幅画里被杀的艺术形象。当然，按照这个小矮人的说法，以什么形象为依托并不重要，重要的是它是一种抽象的"理念"。而且这个东西的形象化只在小说主人公画家的眼中才能具体化，别人连看都是看不到的。当然，"理念"发声，其他人也一样听不到。

是啊，一个在生活中失败了的男性画家，丧失了以绘制肖像画取酬的兴趣，又没有爱情和家庭的滋养，还能靠什么存在下去呢？所谓对于未来的希望是若有若无的，尤其对于日本人而言，欲望在频发的灾难面前也是可有可无的。追逐与否似乎都不那么重要了。所以，恬淡地存在下去如果一定要找一个理由，那"理念"也许还能算是吧。

"理念"是压制不住的，它来自于文化和历史。最初"理念"出现在小说中，是不断地在被深埋的地下晃铃，每天晚上以一个固定的时间和频率不断地敲击，并扰乱画家的听觉，以至于不得不使用伟大的机械力量从地下将其请出来。我们几乎每个人都会在暗夜里被什么事情困扰，其实在白日里忙碌的表象之下，深深生根的"理念"从未疏离，一直伴随在身边。画家终日里无所事事，只有偶然的授课和邻居免色涉先生的来访才能偶尔打断他的清修，所以，"理念"作为自己坚持存在的理由就是一种必然了。

如果你看过渡边淳一的《失乐园》，就会发现里面和情人共同赴死的男主人公也是一个现实中的失败者。家庭、工作都失败，或者至少算不上成功。我猜测在日本失落的这些年中，这种状况十分寻常。如果没有一种"理念"作为支撑，个人怕是连活下去都是艰难的。日本的高自杀率一直居首（现在亚洲第一名是韩国了）就是一个旁证。所以，本书的画家远离已经不再温暖的家庭，而巧遇"理念"并将其形象化地释放出来，形成本人与理念不断对话的状态，简直就是在一处寂然之地存在下去的必然呢。

在这样的处境下，"理念"从地底下、从阁楼里、从无处可知的地方出现，又化为一缕烟尘而去。下一次的到来也是在无可名状的时刻，以一种无法描绘的方式。

如果说小说的创新是把一个人内心所秉承的主观"理念"形象化，并且这么一个抽象的东西能够让读者不觉得突兀和厌烦，就是一流小说家的能力了。

在无聊的日子里，"理念"就不断和画家在夜深人静的时候进行对话。对话的内容其实也是和人与人之间并无二致，八卦也扯，历史现实也会涉及，完全看个人的兴之所至。

不远处别墅里的免色涉先生难道不是吗？他的心里也一样存在着一种理念。这种理念也许是来自对自己女儿的一种惦念，也许是对过去情人的某种回味，或者对个人形象的某种刻意修饰，乃至于用尽自己的手段，一定要为这种理念做出努力的样子，而所持理念所应该带来的结果（比如对方是否是自己的亲生女儿，这一点验证起来本不难）在"理念"跟前倒是显得不那么格外重要了。

　　我想象中国现在的状态，每个人的"理念"几乎就是欲望本身了，恰逢这样一个时代，每个稍有能力或压力的人都被自己的欲望所驱使。等到我们的阶段跨越到今天的日本，每个人都突然放松了，对于这个世界不再有更多奢求和愿景，那么，我们能靠怎样的"理念"存在下去？理念是否也会在暗夜里去拜访每一个尚存思想能力的个人，并将这种对话进行下去？如果一时找不到赖以继续的理念，我们是否还愿意坚持？还是如那绝望的恋人，将生命付诸白云山岗？

　　当免色涉先生"可能的"女儿秋川真理惠失踪后，"理念"告诉画家要听从俗世的召唤，随波逐流，也许就能找回自己在世界上牵挂的状态。而在绘出"刺杀骑士团长"的那位已经老年痴呆的画家面前，"理念"却执意让画家刺向了自己小小的心脏，然后就地消失，并以自我牺牲将画家引导到了隐喻世界，最终再返回到现实中。

　　《1Q84》致敬著名的《1984》，只是将行动控制变化为精神控制，而且讲故事的能力明显超过了乔治·奥威尔，虽然里面夹杂了大量的看似荒谬的东西，但是对于作者而言，写作本来就是没有什么禁区的，怎么写、写什么，都随心神遨游于物外。

但是不管写什么，也很少有作家将理念这类看不见摸不着的东西用形象化的人物刻画出来。而且即便刻画，也会给它一个符合身份的角色，不会如《刺杀骑士团长》里这般活灵活现，甚至会让读者误会为就是一个突如其来的"特殊人物"。

我在第一部分就说过，小说的整个故事其实乏善可陈，就是一个被妻子出轨后抛弃的男人的逃避之旅。结局最后如钱钟书的《围城》一样，画家也如方鸿渐回到自己不留恋但是却不得不回的家和老婆身边，村上故事里的男主人公也是这样。但是，经由一个一个悬念的介入，"理念""隐喻""双重隐喻"的形象化，和几乎与小说每个人物构成镜像的第二人物的映衬之下，小说竟然就写了上下两册，在日文版里就有1000多页了。

也就是说，"理念"倔强地出现于人最失落的时候，"理念"又会以自己的退出来引导困境中的人类走出现实的泥潭，从这个意义上说，这部小说倒是一碗大大的鸡汤了。

在隐喻里寻找去处

欧美人的思维，往往有两个极端，要么过于逻辑化，要么过于魔幻化。所以，《1984》就是一部太过直白的作品，看后让人不寒而栗，觉得它就是身边世界的直接再现。而更有趣的如《格列佛游记》则将人的尺度放大或缩小，也是一个套路。

他们不懂或不愿意中庸，久矣！

亚洲人则擅长使用隐喻来说明问题，不说中东阿拉伯世界宫廷里的弄臣，印度无穷无尽的宗教传说故事以及里面或明或暗的隐喻，中国古时也是充斥着大量"海大鱼"这种言简意赅映射一些道理的寓言，相比于《庄子》，《伊索寓言》则要坦白得多。

日本饱受中国古代文化影响，即便村上春树这种自以为格外欧美化了的作家，作品里依然满是亚细亚风格的欲言又止。

《1Q84》就是这样的。书中的女主人公青豆在一个崇信邪教的家庭长大，并在幼小的时候就深受其害，必须在小学和同学一起吃饭时高声背诵邪教经文，否则回家就要受到父母和哥哥的责罚，而如此奇怪的举动当然会使自己在同学中间被孤立，也因此，另外一位男主人公天吾同情的目光就被青豆深深铭记于心，以至于成为长篇小说中的一个隐含线索，在两条线最后走到一起的时候并没有显得那么突兀。

《1984》是再现，整本书都在描绘一种状况在时间演进下的变迁；《1Q84》是隐喻，三卷本的书其实就希望告诉大家精神控制之恐怖可怕，会对卷进去的人产生多大程度的影响，甚至连教主本人都无法阻止邪教的滚滚车轮，而愿意被杀手青豆在不经意间夺走生命。当然，现实中的邪教教主们享受着教徒们从身体到财富诸多方面的奉祭，倒是幸福指数爆棚，并不会真如文学作品中那样。但是文学总是超越现实的，而邪教发展到极致如人民圣殿教，最后不是从上到下都自杀或被胁迫自杀了吗？所以，精神控制的做法，害的不可能只是那群沉默的羔羊，丧钟也一样为你敲响。

《刺杀骑士团长》则要温和得多，当肖像画家与妻子离婚后躲进小楼成一统的时候，在这样的孤单寂寞的环境里，"理念"便愈发凸显，而当接近故事高潮，画家见到了小说中一直存在但尚未出现的雨田具彦时，隐喻世界就抛开"理念"，蜂拥而出。

画家就在雨田具彦养老的房间里刺杀了骑士团长，然后一举跳进了隐喻的世界。

书中的隐喻或者双重隐喻，对于画家而言，其实表示的是走出个人困境的一种努力。比如，他要渡过一条河流，但是要付出成本和代价（比如挂件）才能做到。在突出个人困境的过程中，会有诸多歧路，不断遇到看上去无法克服的困难，然后就突然在哪一刻超越过去了。

和社会意义巨大的《1Q84》比较，《刺杀骑士团长》是关于个人的书。记得还在高中时代读《约翰·克里斯朵夫》的时候，我和自己的语文老师岳彩亮先生有过一次关于文学的争论，我将自己的读后感拿给他看，说了这部书对自己的震撼。觉得第一部中所描述的很多心理都和自己童年少年时光的敏感之心完全一致，所以，我很难想象还会有超越这本书的更伟大的书。岳老师说，其实《战争与和平》在广阔的历史空间展开，人物众多堪比《红楼梦》，全景厚重，托翁文笔也了得，所以更好。

我就不太服气，认为《战争与和平》太过侧重于宽阔视野了，对于人物内心的挖掘则肯定要粗略得多；而四卷本的《约翰·克里斯朵夫》则就是人的成长，从幼儿到成年，再到人生的最后时刻，事件终为人成长成熟的背景，所以更有意义些。

最后依然是谁都没有说服谁。

而村上春树的两部小说，虽然内里都有所谓的社会意义在其间闪现，但是在读完《1Q84》之后满脑子都是邪教的痕迹，青豆和天吾的故事反而成为某种线索或解释，而退居小说核心内容的后面；《刺杀骑士团长》则不然，不管是雨田具彦在欧洲为反对纳粹而做的诸般努力，还是雨田具彦的弟弟在南京大屠杀后因内心里无法承受的矛盾与冲突而最终导致自杀，这些内容都无法与满布全书的个人在理念与现实、隐喻与实在之间的无法自处相比。人在社会中，比上不足比下有余的状态无所不在，尽管生存无趣，但还能继续努力活着并希图活得更好，尤其在一个相对发达的国家更是这样。这其实也是邪教横行的一个重要原因。日本的宗教中从中国（经由朝鲜）传播过去的，主要就是佛教，虽然经过了和神道教的结合，总体还是佛教的底子。在社会快速实现现代化的时期，人忙碌于积累财富，即便有信仰作为积淀，心灵也往往无处寄托，从而导致高自杀率和社会活力的整体下降。

村上春树的这部新作品其实也是这样，日本经历了快速增长期，很快步入发达国家行列，其间的勤劳努力得到这样的效果也是应有之义。但是，忙碌的脚步并没有带上灵魂，信仰的力量并没有想象得那么强大，迷茫就必定成为一代乃至两代三代人的基本状态，反而是那些并不发达，甚至相对贫穷地区的人们，会因为信仰力量的强大而并不迷茫。这样的问题如何解决？对于全世界都是巨大的难题。

——有了理念就够了吗？

——也许不够，因为理念可能会被"杀死"。

那么，对于人生的这类困扰，如何认知？又如何如涉入河流般地渡过？得用怎样的代价？《刺杀骑士团长》利用隐喻或双重隐喻给出了某种答案。

而画家最后也回到了那个妻子一度出轨的家，并开始投入地抚养起理论上不应该是，但在幻梦里却可能是自己女儿的那个孩子，并欣喜于能够陪她上学放学。日子便在这样的节奏里依然如水般流逝，就如半年多前离开世俗，陪同理念存在，又跌入隐喻世界，最后顺利走出困境的情形一样。

所以说，《刺杀骑士团长》正是我们这个时代（今日日本或明日中国）的隐喻，而这样的信仰缺失或者理念远离能否找到一个解决的出口儿，这真是横亘在我们眼前的大问题。作者用了这样一个故事传达给读者一种状态，但是，并没有提供什么解决方案，或者，人类也并无什么最终解决方案可言。

对照人物、双重隐喻与故事嵌套

伟大作家的作品总是可以从多向度进行解读的。所以，《红楼梦》到如今有了多个流派的解读，每个都振振有词，且无法接受其他解读者声辩的理由。

同样，由于亚洲人原本就具备的暧昧与多重性格，使得来自亚洲的作品解读角度更是纷繁复杂，意出多门，川端康成如此，莫言也这样。后者的作品比如那部名称让人想入非非的《丰乳肥臀》，这两个意像清晰的东西究竟指代什么呢？明指还是隐喻？都会引发读者的想象，甚至连作者自己的解释都无法阻挡读者的多重解读。

　　这就是一部作品诞生后往往会超越其最初创作意图的地方。《包法利夫人》不是一个轻佻妇人的出轨故事，《1Q84》也不是一个雇佣杀人者的传奇，《刺杀骑士团长》当然更不是一个画家独处时的无聊经历。

　　仔细读全书，会发现几乎每个人物都是有备份的，或者说，出现一个人物就有另外一个与之前后呼应。比如"我"的妹妹与秋川真理惠。"我"的妹妹拥有一段短短的，很早就夭折了的柔弱生命。尽管她在父母和哥哥的着意关怀下小心翼翼地成长，但是依然是没有逃脱命运的捉弄。作为哥哥的"我"就在复杂的情绪里观察着妹妹的成长，并从男性的角度来观察女性的生理变化，从身量不足到渐渐丰盈，从单纯的玩伴到性意识启蒙或觉醒的异性，对妹妹的关心、观察再到一起出入于各种场所，乃至于面对着妹妹小小生命的死亡，都在画家的内心留下了难以磨灭的痕迹。

　　秋川真理惠是"我"的学生，却是邻居免色涉先生情人婚后才生出的女儿。因为这种困扰与疑惑，以及人类天生对血缘关系的关注，免色涉先生也希望介入这个"疑似女儿"的成长过程。不管是开始的望远镜偷窥，还是后来通过画家画秋川真理惠人物肖像时的自然介入，免色涉先生还是这样免不了涉入了关心对象的日常生活。

　　不管是妹妹带着风险的成长经历中的一切生活细节，还是秋川真理惠面对自己身体的发育，别人的关注，对于家庭和环境的认知，都有着某种奇怪的映射，仿佛这个新的生命就是那个故去生命的延续一般。

　　作为画家的"我"和免色涉先生难道不是吗？"我"因为家庭分崩离析而远离旧地躲到了一个遥远的"世外桃园"，免色涉先生则在 IT 事业上非常成功后隐居于不远的别墅里。成功或失败，殊途同归；平淡与多彩，终于一刻。甚至，免色涉先生前后有两个情人出现，一个是秋川真理惠的妈妈，当然，是在还做姑娘时；另外一个则是秋川真理惠的姑姑，一个寡居于自己哥哥家负责照顾侄女的有闲中年女人。而画家也在自己当老师的班上找了两位女学员做情人，都是有夫之妇。画家的妻子有出轨对象并因此离婚，免色涉先生的情人因为要结婚而不得不离开了他，并从此没再相见，除了留下一封身故后才发出的遗书和疑似女儿便再无消息。

　　某种意义上，画家自己与算是因病而被自己鸠占鹊巢的前辈画家雨田具彦也是人物的前后映射，职业上的一致，以及内心中对于个人理想和追求的希望，被现实阻挡在实现欲望大门之外的困窘状态，都是一模一样的。雨田具彦侥幸被留下了一条小命，从维也纳灰溜溜地回到日本，并从此不问世事，专心致志地绘制日本风格的西洋题材画作，然后期待着死神的光顾；而"我"则被俗世困扰，不得不离开滚滚红尘躲避到了乡间，自身与自身对话，通过理念、隐喻或双重隐喻勉强保持着自己对这个世界的接触与融入，反映的几乎是全部日本人原本就具有的疏离感，以及难忍的欲望、暧昧、留恋或欲走还留的感情。这和我们中国人"好死不如赖活着"的生死观有着极大的差别。所以，每每看到日本人的作品，不管是芥川龙之介还是三岛由纪夫的，村上春树的文学还是东野圭吾的侦探推理，都包含了这类情感。《刺杀骑士团长》当然不会例外。

说到隐喻，其实它和明喻的区别也就是一个没有直接说出来，一个说得明明白白而已。比如，张爱玲在小说里关于红玫瑰和白玫瑰的比喻，说得直白些，前者终于会化为一滴蚊子血，直接破坏了红玫瑰的美感；后者则会变成柴米油盐生活中的米粒，美丽化为世俗生活的一部分。如果不说得那么明白，就是隐喻了。

如果一个形象化的东西代指两个不同的对象、意境、状态、或逻辑，那就是双重隐喻了，经过红学家这些年来的充分开发，红楼梦里的所有人物乃至物体都是多重隐喻了，一开始的那些判词隐喻了小说后面每个人的命运，每个人在节日里作的诗则再次隐喻了自己的未来去向；每个人物名字的谐音隐喻了现象背后的真相，如甄士隐（真事隐），每个人物的语言也不断将自己导向该去的地方。

看《刺杀骑士团长》的创新之处，恐怕会说第一个创新就是将隐喻和理念这些哲学概念形象化，并以人物的模样进入小说，给读者以清晰的认知。以往的小说，会广泛地采用隐喻（作者刻意或者读者后来的自行阐发，与作品初衷无关）这种修辞手法，但是并未将隐喻本身化入小说。《白鹿原》里的鹿就是一种隐喻，但是，小说的其他部分均为正常世俗之物，隐喻不会跳出来作为一个活生生的东西出现，《刺杀骑士团长》则做到了。

所以，如果说《1Q84》还是以传奇故事承载作家希望表达的对精神控制的忧虑，那么《刺杀骑士团长》则用一种传奇的笔法将格外无趣的内容编织了进去，对无趣人生中的各种无趣和人类对它们的管理或控制进行了描述。

小说开始出现时，关注村上的国人会在作品里读到日本兵在中国战场上内心的挣扎，回来向国内介绍该部作品时也以这个为噱头来吸引读者的注意。其实，里面并没有对战争进行反省，尽管它不仅写到了亚洲战场，而且写到了欧洲战场。只是，我们看到的是反战，反对战争对一个普通人行为的扭曲与改造。

当然，作家往往是反战的，如三岛由纪夫这类的作家并不多，原因就在于作家必须关注人的心灵，而不仅仅是现实中的利益争夺。精神上的东西往往是形而上的，超越了生存与生活。作家中尽管很多人确实经历了生存的艰难和生活的辗转，无数痛苦会凝结到作品里，但是依然会超越平凡的日子，到达一种常人难以企及的高度。在路遥的三卷本小说《平凡的世界》中，孙少平作为一个文化水平并不高的矿工，是要在工作的间歇里读《参考消息》的，是要在妹妹到城里读大学的时候买上一些内裤和胸罩悄悄放到妹妹背包里的，以展示出作家希望的主角与现实生活中的距离，说距离，其实就是超越出来的那个高度了。

在这部嵌入了几十年前"二战"故事的小说《刺杀骑士团长》里，似乎指出了作家希望展露而小说里很难通过评述展示的东西。按照中国人的理解，这部书的中心思想究竟是什么？并不清晰，但肯定是仁者见仁智者见智的。作为哥哥的雨田具彦在欧洲时加入了女友所在的反战组织，最后被抓后遣送回国，随后完全远离了政治而投入了艺术；本来也有艺术天分和基础的弟弟本不应被编入军队却鬼使神差地被派到中国战场，并违背自己的意愿成为日军对中国的杀人机器，长期磨砺后终于还是无法承受内心的折磨，回国后选择了自杀。这些内容，说的是制止战争的先知先觉与加入战争后又自我反省的对照吗？

《红楼梦》其实反而比《刺杀骑士团长》好读了，因为前面有冷子兴"演说"了荣宁两府，兴儿又用小厮的口吻对贾家进行了评论，张爱玲的作品里更是不时就出现远超作品主人公身份的作者评述，就怕你远离作家希望表达的中心意思。但是，《刺杀骑士团长》就把中心思想的提炼归纳总结提升的工作留给了读者，你读出了什么，那就是什么吧。

这一点，《1Q84》也没有做到，它的中心思想太明确了，每个人都不会读偏。所以，从这方面说，这部新书真的是文学上的一个里程碑。嗯，哪怕我们说是村上春树自己的里程碑呢。

那扫灭一切痕迹的灾难，那累加灾后重生的沉重

故事的曲折性是引人入胜的一个关键，但是并不尽然。因为很多故事极尽曲折，看完之后却没有任何再读的欲望，里面还是缺乏打动人心的内容。

在看过的电影里，一直能看下去但是结尾时却并无多少意趣的，我印象最深刻的是《最后的金黄色》，索菲亚·罗兰的作品，一个眼睛有望复明的孩子跟随自己当宾馆女招待的母亲到处找钱来筹措手术费用，最后终于得以手术复明。这个过程中找的那些男人，每个都和这个女招待有过短暂的情史，或一夜情或稍长一

点，其实整部作品看下来没有多大意思，但是寻找过程却不断闪烁着人性光辉，爱与不爱，开始、过程与结果，每个男人和这个女招待的故事都有所不同，虽有小的波折，总体气氛还是温情的。

《刺杀骑士团长》的故事跟这部电影有相似之处，可以说，大师出手还是很有不同的。故事性并不强但是让你看得下去，最后看完留在心里的却并非故事情节，而是内心中被触动的悲喜哀乐这种人类共通的感情，心会跟随着书中的人物一起悸动。当然，作为读者，看的时候总会要求一个结局，不管是平凡还是壮烈，总要有一个还过得去的结局。

对于这部书而言，如果简短截说，结局无外乎"老婆并没和出轨对象结婚，逃离了几个月的老公又回到了老婆身边，共同抚养女儿长大"。但是，我们理解书中男主人公画家经历了一次理念的折磨，隐喻和双重隐喻的引导，最终却又返回到原点的循环，从中其实可以发现日本人心灵通常要历经的某种路径或轨迹。

在村上春树的其他作品里，《挪威的森林》描写了八次死亡，《1Q84》里面死亡更是如影随形，作为女主人公的青豆甚至亲手执行了杀死这一动作，《刺杀骑士团长》又怎会例外呢？西洋内容的日本画本来就是唐璜用剑刺死了骑士团长，在后续的内容里，画家在养老院又应代表了理念的骑士之邀将其刺杀，如果说这意味着"理念之死"算不上实在的死亡,那么其他涉及到的死亡还有和尚们为了永远开悟而选择的主动死亡,画家妹妹的夭折,雨田具彦弟弟的自杀,免色涉情人受蛰而死,在一部书里也算不少了。

看岛国的日本人如看客般地面对各种死亡,总让我们这些来自大陆的人感到意外,因为情绪充满了冷静、旁观者心态,甚至乐见其成的客观,而少有代入其中的悲情情绪。对这一点,我一直从灾难太过频仍的角度去解释,当死亡成为一个国家国民无法回避的主题,当每个人的生命都会伴随着随机的灾难而在风中飘摇,再将其过度重视就不太可能了。《罗生门》里每个视角不同的人反复咀嚼死亡的味道,《失乐园》则由绝望的恋人主动设计死亡方式。"二战"后期,日本的神风敢死队队员被教育为勇敢抛却生命与敌同死的战争机器,而富士山因为过多人士前往自杀而不得不考虑关闭上山之路,青木原树海更是成为日本的自杀圣地。根据世界卫生组织(World Health Organization,WHO)对2013年以后约90个国家及地区的自杀死亡率(每10万人口中的自杀人数)统计,发现日本排名第六。最高是东欧的立陶宛(30.8人),其后依次为韩国、苏里南、斯洛文尼亚、匈牙利。

在佛教广泛盛行的亚洲,能把生命抛却是件不容易的事情。

"佛系"已经成为大家熟悉的一种状态,就是在事件面前的心态平稳,不争,恬淡生活。但是,日本人过多目睹了死亡,所以即便有佛系作为支撑的精神力量,却并不吝于赴死。

实际上,在《刺杀骑士团长》中的结尾部分,画家回到妻子身边后不久,2011年那次九级地震和随后的海啸、核泄漏等事件就纷至沓来,刚好覆盖了画家作为世外桃源逃离到的目的地,自己所居雨田具彦的房子以及周边环境被破坏殆尽。在这样的背景下,画家也并没有沮丧或者庆幸,只是知道有这么一件事情随后发生了而已,而生活即便遭遇如此大变也还是要继续。所以,带着不知道是不是自己女儿的孩子,以及明确出过轨的妻子,画家选择了重新开始。

当我准备对灾难的事前和事后态度进行分析的时候,选择了日、印、中、德四个国家,印度的整体态度是事前懒得去防范,事后也不去过度悲伤,德国是事前事后态度比较一致的认真,中国则更加关注事后的救灾,而日本尽管构建了一套应灾体系,内心里其实更加关注的是事前那个时段,事后的态度则"随他了",反正这样的灾难不时就会有。

我们不管看东野圭吾以灾害为背景的《幻夜》还是《刺杀骑士团长》中最后轻轻提及的东日本大地震,流露的都是淡然的口吻，并没有刻意渲染，也没有因此而生发出去更多情节，可谓体现了日本人骨子里的灾难观。中国人常说，"死生之外无大事"，这应该是地球人的想法，生命之不存，何论其他哉！日本人则选择了任何时刻都可以启动的重新开始，而在死亡面前，那些面子里子的，都尽可以忽略掉了。画家就这样在给自己一生带来深重影响的事件后重回归家庭，回到过去的节奏里继续生活下去。

而中间被"杀掉"的"理念"，艰辛渡过的隐喻之河，那半夜响起的铃声，神秘的免色涉先生，和自己妹妹不断形成呼应的少女秋川真理惠，俱往矣！过去、现在和未来的风流人物只存于自己的内心，而与外在世界似无多大关系。所以，一开始小说即以一个无脸人要画一幅肖像画开端，而最后，人人都成了无脸人，究竟是什么样子，大约还是无妨的吧。

而未来已来。

　　如果有人问中国人，除了祖国之外，这个世界上，您对哪个国家的感情最复杂？我想大部分中国人会回答：日本。是啊，日本，曾经对我们师长相称，之后又对我们兵戈相向。如今的中国电视剧里依然播放着日本在中国的土地上烧杀抢掠的罪行，而这个一衣带水的岛国却早早在商店里挂出了中文字幅，摆出一张张笑脸迎接钱包鼓鼓的中国客人。甚至有些日本商家在中国的国庆日里举起喜庆的红招牌，上面用中文大大写着："喜迎国庆"。这个场景不禁让人哑然失笑——谁不知新中国的成立是建立在日本战败的基础上的，这是"喜迎"的哪门子"国庆"呢？

　　虽然有句话说"忘记过去就意味着背叛"，但日本人有的是做表面礼仪的本事，中国人也有"伸手不打笑脸人"的传统。在这个全球化的时代，中日间的交流越发频繁，国家谋求发展，人们也越加在意生活的快乐与幸福感，于是越来越多的人选择去这个邻近的国家旅游。日本的衣食住行方方面面也得以展现在人们眼前，而在日本的所有体验当中，"精致"这个词是不得不提的。

　　初到日本，一下飞机，细致周到的服务便能让人见识一番。行李提取处的传送带一尘不染，旅客们的行李被轻轻放置，整齐地排布在传送带上。如果去得比较晚，身穿制服的机场工作小姐还会帮忙把行李从传送带上取下来，按大小、颜色依次排列，齐刷刷地摆放在一边的空地上，直到人们把行李都领走了她们才离开。

如果在日本预订了民宿，便又能在住处感受一番精致。典型的日本民宿都不是很大：一个开放式厨房与小小的客厅相连，客厅的另一边是与之用木制推拉门隔开的卧室，再加一个转身都困难的卫生间，和一个放下浴缸便没有太多空间的浴室，这便构成了整套公寓的全部。然而每一寸空间都运用得很好，同时室内没有不必要的物件，整体以浅色为主，简洁清爽，不会让人产生身处狭小空间的逼仄感。整个公寓往往一尘不染，所有设施和仅有的一些家具也都保养得很好，看不出一丝陈旧的痕迹，让人感到身心愉悦。

进日本人的家是一定要脱鞋的。一般情况下从客厅开始，地板上便会铺上一层席子。简单的客厅仅由一台电视、一个放电视和其他物品的小桌子组成。有时会有几个蒲团和一个可以折叠的小小方桌。如果需要吃饭，便把小方桌打开，一家人便可围坐在蒲团上或者直接坐在席子上。

日本的卫生间很有特点，虽然小，但功能俱全。首先比较好的一点是，卫生间中各个功能区是隔离的，这便可以让多人同时使用卫生间。例如，如厕区域有时会在一个单独的小间里，虽小，但马桶却极为高级，不仅能发热、喷水，还能播放音乐，用以掩盖使用时发出的声响，避免让人产生尴尬情绪。这样的贴心细致在日本很多细节上都能体验到。卫生间的洗澡区一般由两部分构成，一个是沐浴区，一个是设置了浴缸的泡澡区。日本人很喜欢泡澡，但在泡澡前会先在沐浴区把身上洗干净，并且一般情况下沐浴区里会有一个小凳子，这样就能偷偷懒，坐着沐浴了。沐浴完之后，然后再进入盛满热水的浴缸中，美美地泡个热水澡。一般家庭里的浴缸也比较高级，可以设置温度，并且能一直保持设定的温度，这便让劳累了一天的人们能够好好地在温暖的水中享受一下，释放一天的疲惫。值得一提的是，在不少日本家庭中，泡澡的水是可以重复使用的，一个人泡完，另一个人接着再去泡，因为他们认为，每个人在泡澡之前都进行了沐浴，所以每个人都是干净的，因此水也一直是干净的。这点在中国人看来可能有点难以理解。也有父母和孩子们一起泡在浴缸中的情况，即使孩子已经不是很小了，这点可能更难令我们接受了。但不得不说，一些日本家庭在节水方面真的做得很到位，他们会把泡完澡的水直接拿来洗衣服，实在是把一缸水用到了极致。当然，需要了解的是，他们不是亲自动手，一趟一趟将浴缸里的水舀到洗衣机中，而是直接按一下按钮，与浴缸以管道相连的洗衣机便开始抽水，迅速工作了。除了马桶高级，浴缸先进外，日本的浴室还有其他很棒的设计，比如浴室的所有空间都是防水的，你不用担心水洒到任何一个角落；有些水池上的水龙头是可以拿下来的，这就能进行 360 度的喷射；浴室里还设有电话、报警器等，按一下按钮，就能边泡澡边与人通话，发生紧急情况时也能及时呼救。日本的卫生间集简洁、高效、舒适、环保于一体，还是非常值得体验一把的。

也许卫生间的空间不是很大，但卧室相对比较宽敞。天气暖和的时候，卧室的地板上仅仅铺一层竹席，靠墙那边的是与墙一体的大柜子，一般设置着推拉门，枕头和被子以及衣物放在柜子里，除此之外整个空间再无其他东西。我们中国人喜欢睡在床上，但显然日本人对于睡地板早就习以为常。不过仔细考究的话，榻榻米其实是起源于中国的。"榻榻米"为日语音译而来，在日本它的名字为叠敷。使用榻榻米的生活方式被称为席居制、筵席制。有迹象表明，尧舜之后皆是以席居为主要生活方式，两汉时期是席居制发展的巅峰。后来到了唐时，高脚床和凳子盛行，席居便在中国逐渐衰落。席居制何时传入日韩等地的已不可考证。但正如我们知道的那样，日本人传承发展了这种生活方式，至今依然睡在榻榻米上。榻榻米多为蔺草编织而成，一年四季都铺在地上供人坐或卧。除了卧室之外，房间阳台、书房或者客厅的地面上都会设置榻榻米。传统的日式餐馆里也设置榻榻米，一定要注意的是，无论是在日本人家做客，还是去日本的传统餐馆吃饭，见到榻榻米时，千万不要忘了把鞋子脱掉，因为据说在日本，穿着鞋子踩在榻榻米上，就如同在中国穿着鞋子踩在别人的床上一样，是非常不礼貌的行为。

当然，日本也有大房子，比如日式的小楼。典型的日式小楼是木制结构。如果是三层的话，那么很有可能第一层是两间卧室，第二层是一个大卧室、一个大客厅和一个卫生间，顶层还有一个卧室和一个卫生间。这样的小楼哪怕三世同堂入住，也应该是足够的了。

除了住宿之外，身临其境体验日本的食物，也能感受到精致与讲究。首先不得不提的是，日本的餐饮要比我们国内贵很多，而分量却要比国内小很多。所以在日本的每一餐，都基本上会吃得一干二净，也让人暗暗许下回国之后一定要珍惜每一粒粮食的承诺。日本美食除了注重食客的味觉体验外，也非常注重视觉体验。就拿普通的面馆里一碗普通的拉面来说，碗底是面，面上摆着金黄的半熟的鸡蛋，周围几大片叉烧肉叠在一起，再整齐地插入几片海苔，配着浅褐色清澈的汤，这副简单又诱人的样子，即使不喜欢吃面的人也要忍不住尝一口吧。日本比较出名的牛肉虽然价格比较高，但也值得一试，牛肉会被切成大小均等的小立方体，错落有致地排在铺着类似绿色芦苇叶的舟型白瓷盘里，颜色新鲜，红白分明。当牛肉被端上来时，视觉感受太美好了，有时甚至舍不得吃，因为实在不忍心把可爱的牛肉块们放在锅上煎烤一番。

日本餐馆也秉承着一贯的简单、舒适的风格特点。桌椅都不大，少有中国常见的大圆桌，一个个独立隔开的小包间倒是很常见，可容纳二到六人。两面用木板与其他小间隔开，另一面靠墙，最后一面挂上小布帘子，可以遮挡住用餐者的上半身，既私密，又不至于太压抑，还很方便上菜。每当要上菜时，服务员都会先温柔地说一声"不好意思，打扰了"，然后再进入小间内，把菜品安静摆上。再高级一些的餐厅，还会有服务员跪坐在一边，随时添茶、布菜。这种服务在中国也有，但似乎不是那么普遍。服务者的体贴、礼貌、温柔也是日本的一大特色，人人都是一张迎来送往的笑脸，柔声细语的问候，很难不让人——尤其是游客，感到如沐春风。这也是日本重视细节，做好小事的一个体现吧。

再说到日本人的穿着打扮。在地铁里随处可见的日本男士大多穿着衬衫、西服，留着简单的发型，看上去安静谦和。而女性们有的成熟简约，穿着得体舒适的棉质衣服；有的活泼可爱，穿厚底的高跟鞋和带花边的丝袜，一副萝莉风。但女性们绝大多数都画着非常精致的妆容——这种精致使妆感显得非常自然。第一眼看去只觉得很美，似乎是天然的美，只有细细观察才能看出，几乎无暇的肌肤是被多层粉底装扮出来的，明亮的大眼睛也是由不易察觉的眼线、假睫毛等修饰而成的。世上的女子大多爱化妆，但其中不少弄巧成拙。这也更让人佩服日本女性竟能把这细微的技巧运用得如此娴熟。还有不少女性会身穿和服。和服是和式礼服，也是日本非常自豪的文化遗产。和中国的汉服一样，和服从材料的选择，到颜色的搭配，再到花纹的制作都十分考究，据说在当今，一套得体的和服是比较昂贵的，可达两三万元人民币，但日本的女士们还是会准备和服，哪怕实在买不起，也可以继承前辈的。好的和服是可以肉眼辨别出来的。如果你曾近距离观察过一些气度不凡，气质出众的日本女士的和服，会发现她们的和服颜色或淡雅或华丽，但略厚的布料上隐隐透着复杂精美的纹理，细致的剪裁和做工，一看就让人心生钦慕。和服的设计理念吸取了汉文化的精髓，有人说汉朝的服饰实际上就是和服的原型，这也是我们中国人看和服，总有一种别样的"眼熟"之感的原因吧。需要注意的是，汉服的穿着有左衽和右衽之分，通常都是右袵穿法，和服也继承了这一点并沿袭至今。而在汉服中，左衽一般都是逝者的穿法。对生死、鬼神文化极为重视的日本，自然对这一理念也毫不犹豫地全盘接受了，如今也依旧谨遵这一原则。穿一身优雅的和服，紧紧束出芊芊细腰，再配上精致的妆容，簪着花的一丝不苟的盘发，既端庄大方又摇曳生姿地走在东京四丁目街头，这样的女子真是赏心悦目，让人有穿越回古代之感。

谈了这么多在日本的精致体验，也不禁开始思考精致的根源，或许这其中两种品质起到了重要作用——一个是自律，一个是珍惜。

首先拿自律来说，日本自从几十年前经历过垃圾处理问题之后，如今在这方面已经做得非常好。家家户户都有多个垃圾桶，存放不同的垃圾，分类不仅是简单的"可循环""不可循环"，而是细致到了"纸制品""塑料""玻璃""可燃烧品"等等。所有的家庭垃圾需要打好包，放到指定的位置才算彻底完成。初到日本可能会被这些规矩弄晕，但你看那一尘不染却没有太多环卫工人的街道，再经民宿房东的温柔提醒，就不得不入乡随俗了。我们常说如果每个人都如何如何，这个世界将会怎样怎样，但是显然，日本人在一些方面不仅仅是说说而已。

日本人的自律还体现在他们对礼仪的遵循。日本与欧洲一些发达国家一样，在交通方面遵循"车让人"的原则。比如在一个路口，驾车的司机看到了行人，即使距离很远，也不介意等个一两分钟让行人先通过。而行人也往往报以颔首或鞠躬。如果正巧赶上一群刚放学的"小黄帽"们走在前面，你会发现，当他们穿过马路之后，这群可爱的小学生还会认认真真地向四个方向的车辆都鞠一躬，然后才欢快地继续赶路。这样的场景实在是令人心暖而动容。

正如很多人所说，日本人是非常不愿意麻烦别人的，他们谨守着礼仪，克制地与他人相处，默默地完成哪怕繁重到不合理的工作。在自律这一点上，日本人是可敬的，也是可怕的。

除了自律，在日本也能感受到日本人对自身、对物质和文化的珍惜。

与日本人相处，能看出他们不少人有非常强的自尊感，可以说是非常珍惜"羽毛"的动物。外在整洁干净的打扮，安静得体的言行，都是自尊的体现，同时他们的自尊还体现在对自己所从事工作的责任感。即使是公交司机，也时时表现出这份工作的体面和尊严，他们会穿着统一的制服，对每一个上车的乘客微笑，而且每到一站，都会用温柔地语气告诉大家"某某站到了，请下车""不要着急，祝您愉快"等等。哪怕整个行程十几站，也会亲自重复着这样的提醒，不使用电子录音，也没有表现出疲惫或敷衍，从他们的声音里似乎真的能感受到祝福和关怀。这样日复一日的工作，看起来多么枯燥无聊，但他们却做得那么认真。或许这就是日本人的执拗。他们珍惜自己的名誉，哪怕最简单的工作也很在意他人的评价和感受。

说到对物质和文化的珍惜，不得不说日本人常常把一些我们中国人"看不上"的东西奉为圭臬。他们常常给一些细小的物质赋予文化意义，哪怕这些文化是外来的，只要到了日本的土地上，就被他们仔细拾起来，好好保存着。比如筷子，在我们中国人眼里，筷子不过是吃饭的工具；当然想要用更加精美的，能用来欣赏的，淘宝上也是一搜一大堆；再高级些，想要银筷子，甚至金筷子，也都不难获得。但日本人把小小的筷子雕得跟花一样，细细地绘上颜色，小心翼翼地摆在精致的小木盒里，再往柜台里一放，便自豪地拿出来展示和售卖了，而且卖筷子的店铺并不少见，整个店就卖各种各样的筷子，这在我们中国人看来可能多少有些可笑大方。

再如去博物馆参观，有时能遇见西装革履、白发苍苍的老人，拿着放大镜，在一组组玻璃柜前长久驻足，弯着腰，带着虔诚的表情，只为好好看看整个博物馆里那几块为数不多的古石头。这会让人很有邀请他们来中国的博物馆看看的冲动。国家博物馆或者陕西省博物馆，照这个方法去看，可能半个月也看不完吧。但又一想，莫非物质多了之后，人们就不容易如此珍惜了？

　　自律，约束自己，以便给他人更好的印象；珍惜，珍惜自己的名誉，珍惜一点一滴的物质，珍惜文化积累，才有了所谓的工匠精神。米上作画，细微处能做到极致，小小的事物也仿佛具备感情色彩，打动人心。日本给人的精致感，不仅是因为空间上远远小于中国，更多的是人文上非常细致的考虑，处处体现出礼貌、温柔和关怀；还有就是对小事的重视，在小物上肯花大功夫。

　　不禁想到，"小日本"啊"小日本"，你不愧得这个"小"字，也的确有把"小"做到"大"的耐心和本事。而我们的祖国，地大物博、人口众多的中国，有极为丰富的资源，极为深厚的历史，极为繁华的宝藏，如果我们在大步向前走的同时，也能多一些耐心和珍惜，少一些浮躁和浪费，那是不是也能从"精致"中受一些益，变得更自信、更强大呢？

日本人的面具

亚欧大陆的尽头是由生活在这里的日本人所组成的"面具社会"。海洋将这片土地孤立成岛屿，而恰好它保留了坚实土地所丧失的诸多细枝末节。我们想探看一二，而日本人却有着角色扮演的面具，隐藏着诸多无法辨识的本性原貌，从而使得到访这里的人患上不同程度的"精神性晕船"——面具下的日本人到底如何？

忠勇的面具

1702 年 7 月，失去主人的赤穗藩四十七浪士，为旧主复仇后全部被幕府判处剖腹之刑，浪士们表现出不胜荣幸的样子并欣然赴死。义无反顾的赴死，是他们忠勇的表演。可是，忠勇的面具之下，一定会有着人类对死亡最本能的畏惧。

新渡户稻造在他的《武士道》一书中这样写道："打开灵魂之窗请君看，是红还是黑，请君自公断。"剖腹自杀，约始于 12 世纪日本的平安时代。在源平战争（1180—1185 年）之后，剖腹开始流行于武士中间。剖腹自杀是武士们挽回名誉和解决各种复杂问题的必要手段。武士们不但用它来表示对主子的忠诚，还用它来表示自己对某项重大错误、不当行为的负责精神。除了在战败时，为了免遭被俘的耻辱而剖腹自杀外，还有在主人死后，为了殉死尽忠而剖腹的"追腹"，和受到舆论的谴责而因羞耻而进行的"诘腹"。

到 17 世纪的江户时代，剖腹已经形成了一套完整的仪式和方法。先用短剑刺入左腹，横向右腹切成"一"字形，再从胸口刺入下腹，成"十"字形，最后拔出剑刺入喉部。其过程之残忍痛苦可以想见，并且这种世界少有的自杀方式，最大的特点在于它不容易致死。

武士们之所以选择这个身体部位，这种刺入方式进行自杀，其目的最终是要以此方式刨开自己的肚子，让主人看自己的炽热红心，以表现忠诚。如此说来，日本人的剖腹自杀本身就是一场"忠勇"的表演。而内心对死亡的惧怕，对切肤之痛的难忍，一定是不可避免的。

身为一名武士，对其身份的基本设定就是"忠、智、仁、勇"。那么，日本人在成为武士的时候，就自然地带上了武士该有的面具。最后豁出生命的剖腹自杀，也只是他们作为武士尽职的角色扮演。说"角色"是因为日本历史上"以下犯上"的记载太多了，并不真的"忠诚"。

同样，作为一名军人，在战争时期，日本军人被赋予光荣的外壳而备受鼓舞。可是征战沙场的他们依然会唱起《北国之春》，在异国他乡，在"尽忠报国"的面具下，是内心"故乡啊故乡，我的故乡，何时能回你怀中"的落寞思乡情。

妻子的面具

日本女人在家庭生活中对男人的百般顺从，一直都凸显着她们的端庄和温婉。而这端庄、矜持、服帖、温柔等等，也正是她们扮演合格人妻的面具。

在世界的多数地方，婚姻都是通往受人尊重的"敲门砖"，繁殖是女人必须谨守的"丛林法则"。在极度传统的日本社会，只有婚姻才能使女人实现彻底完整。想要被视为十足的女人，没有什么是比成为"人妻"更需要为人所争取的。

而婚姻对女人提出了"服从"的要求，是日本女人的第一件要紧事。婚礼上的新娘子头戴白色的像帽子一样的东西，里面包住梳子和黄色的花，意为"藏起你的犄角"，以提醒新娘到了夫家有犄角要藏起来，不要闹脾气。从女孩变成女人，少女时的任性娇蛮、争强好胜等恶习就要统统收藏起来，开始崭新的人生——扮演好一个妻子的角色。

但是，在日本女人的身上，我们无法将"忠贞的抑制"与"性的狂欢"真正实现二分。当德川幕府走向灭亡后，明治维新使日本进入"文明开化"的年代。自"直美主义"出现，主张破坏传统约束的风潮便开始鼓励着日本女人将和服下的身体显露出来，抒发原始的激情欲望。

　　日本女人从自我孤立中解放出来，变得想要主动接纳，但却
又表现出了极度害羞。"顺从"成为妻子们的面具，掩盖着的是
日本女人对解放欲望的快乐向往。早晨妻子将丈夫的手提包递送
到他手中，含腰微笑地说："您出门啦"。而在送走丈夫之后，她
们摘下妻子的角色面具，露出她们的激情欲望，创造着全球最高
的出轨率。日本社会人口调查机构公布了一组令人惊讶的数
据，——日本女性的出轨率竟然高达49%。这也就意味着，日本
接近一半的男人，在结婚后被妻子戴上了"绿帽子"。

　　传统的日本人遵循着"男尊女卑"的社会秩序，男主外女主
内也是应有的分工。婚后照顾家庭、丈夫和孩子是她们扮演妻子
角色最基本的人物设定。所以，妻子在家庭中并不强调自己的地
位和意志，丈夫也不太会体谅妻子的操劳。然而，随着社会的不
断开放和女性意志的觉醒，她们不再是以家庭和丈夫为中心的圆
规。同时，在家庭生活中长期的压制和束缚，在外界给她们足够
的尊重及平等的相处方式时，出轨变得极具诱惑力。此外，妻子
出轨还有很大部分的原因，是因为日本男性经常会去灯红酒绿的
娱乐场所，而妻子得不到丈夫足够的关爱。

　　对于日本人而言，家庭角色的核心是女性。女人的生养能力
是家庭存续绵延的关键，这在很多国家也都算常见。可是日本女

人对老公的尊重之下，是她们对亲缘关系别样的定义。日本女人永远不会觉得自己的丈夫和自己是同属一体、归于一脉的。"呼吸相通"太过亲昵不提也罢，只有自己的孩子才是归属自己血脉的传承，是真切的亲人。我们看到那不断点头称是的妻子，内心深处有杆不会被丈夫识破的"秤"，热切的情感统统偏倚在了自己的孩子身上。或许男人们也并不需要女人的感情，就像他们的精神理想在很大程度放在了职业发展和社会地位之上。情感本身是次要的东西，但是"在孩子的血管中有我的血液"，这就使得女人愿意带上"温顺"的面具，成为妻子。

情色的面具

当日本女人剥下妻子的假面，日本人满心满口强调着、保持着的"妻子之道"便在家门之外被彻底颠覆。当女人遇到性渴望的困惑，纯洁与性感开始同时存在于日本女人的身上。这也使得男人们在对"女人的纯洁"和"自身的欲望"之间变得难以抉择。

彬彬有礼，谨行克制的日本人，面具之下却是欲望的狂欢。"这并非与生俱来的邪恶，而是男人渴望的邪恶"，而这也恰恰以男性性欲为主导，催生出了日本发达的色情产业。

Coser 的面具

通俗文化是由广大民众的兴趣集合而创造出的文化形式，来源于民间大多数人的共同审美。因此，通俗文化是显露日本人原形的文化线索，包含电影、漫画、戏剧、读物等多种形式。与优雅别致的艺术文化相比，日本的通俗文化浅俗、暴力，被列为"下位文化"或者说"日亚文化"。

角色扮演，英文简称 Cosplay，是 Costume Play 的简略写法。一般指利用服装、饰品、道具以及化妆来扮演动漫和游戏中的角色。角色扮演的出发点是借由漫画、游戏等，变成所热爱作品中的角色，使原本只存在于虚幻世界中的角色人物，能够出现在真实世界里。玩 Cosplay 的人一般被称为 Coser，有时也称为 Cosplayer。

Cosplay 已经风靡全球，可为什么角色扮演的风潮恰好兴起在日本？

Cosplay 最典型的爱好者是"御宅族"，他们是现代日本人中一类特殊的社会群体。"御宅族"的出现，创造了日本的"二次元文化"，更重要的是显露出日本复杂的社会现象。

他们虽然具备现代人身上普遍存在的特点，但是在二次元文化的影响下也表现出了异于常人的一面。他们对于物体、人生和情感都有超出现实的完美想象，内心容不得半点瑕疵。这种对于"唯美"的病态执着，归根结底源自日本赞赏樱花、追求刹那美的民族文化。因为，在二次元文化作品中，不乏为了爱、正义、理想不惜献出自己生命的虚构角色，场面之绚丽、音乐之悲壮，恰恰也反映了日本人心中对灾害的危机感和恐惧心理。既然生命如此脆弱，为什么不能为了追求人生中最美好的事物而献出自己最宝贵的部分，哪怕是生命呢？而在现实中，实在难寻这般唯美壮烈的爱情体验。因此这既是对现实爱情的不甚满意，也是对现实压力的逃避。

危险性、破坏性的东西开始被纳入无害的民俗范围中。他们宁愿用角色扮演、恋爱模拟，甚至色情文学来体验"性"，也不愿接受婚姻关系的挑战。因为当拥有可能超出现实的虚拟女友和虚拟经历时，卷入一场需要承担责任与义务的关系便显得尤其没有必要了。于是，Cosplay随着漫画杂志、电视广播与互联网平台漫延开来，作为一种流行的"亚文化"在日本的年轻人中间流行，使得一部分年轻男人和女人逐渐疏离。戴上面具的他们，活在自己打造的丰富多彩的虚拟角色里来保有自己完美无缺的想象。

更深层的，巨大的社会压力和人与人之间疏离的关系，使得日本人在逃避压力和对抗孤独的时候，出现了诸多超现实幻想。

而为跨越现实与幻想之间的空间隔层，"角色扮演"由此诞生。不得不说，御宅族的出现反映了日本青少年一代对自己未来的悲观绝望和对现实的逃避。丰富、热烈、色彩缤纷的虚拟世界是日本青年在自然生存环境与社会人文环境的双重压力下的产物。社会压抑下的唯一解放是通过角色扮演实现自身的渴望。而 Coser 角色的扮演也正是他们逃避现实，归于自我幻想的表征。

扮演是人类高级的创造行为。如何控制情绪，如何假装喜爱他人，如何将情感的表达贴合最适宜的角色，这是灾害文化授予日本全民的重要课程。谨小慎微的日本人在面具的保护下生存得太习惯了。他们要求自己外在保有最妥帖的体面，也隐藏着人性最基本的欲望。他们对快乐有着最极端的追求，因而时刻带着各种角色的假面。

日本人确认并赏玩自己的与众不同，因外人不可能理解而自鸣得意。如果与其交往过却又感到未曾与他们谋面似的，那实属正常。因为你看到的只是他们对各个角色的悉心扮演，那是一个个面具下的日本人。

进入 20 世纪的时候，物理学家认为整个物理大厦已经构建得近乎完美，只有两片乌云。然后，对于这两片乌云的追踪与解释，在某种意义上引领了物理学的进一步现代化的进程。

侦探推理小说也是这样，每当我们认为这一文体已经尽善尽美时，就会发现一个颠覆性的角色突然冒出来。

笔者是阿加莎·克里斯蒂的粉丝，认为尽管爱伦·坡天才地创立了五种侦探推理范式，但是，却是阿婆用她近百部的长、中、短篇侦探推理小说以及若干剧本将这五种模式推进到了极致。甚至，关于毒药的使用，有人特意总结了一部《阿婆的毒药》，将阿婆战争中的个人经历与背景和她小说中不时根据不同需要而使用各种毒药的情形进行了全面总结和对比。很多人知道，清华大学的本科生朱令被人投毒伤害，中毒症状被发现也是因为有人看了《灰马酒店》一书，对于铊中毒的症状有比较清晰的了解。

有了英国的阿婆和福尔摩斯，也曾经有人以为世界上的侦探小说已经到了极致，随后日本的推理小说却一枝独秀地区别于英国的模式横空出世。除了早期模仿派的江户川乱步等一些作家之外，后来的集大成者松本清张和森村诚一将西方的推理故事框架和日本现实中的社会问题不厌其详地结合，再度把侦探推理小说这个文学类别推向一个新的平台和阶段。

如果你看过森村诚一的系列小说三个"证明",以及松本清张的诸多代表作《砂器》《点与线》《日本的黑雾》《零的焦点》,也许又会以为日本推理小说已经到了极致,难以再有新的突破。

在这种情况下,1958 年出生的东野圭吾开始成为侦探推理界不可忽视的名字。他的小说与电影、电视剧的快速结合又将其知名度提升到了更高的高度。

既然有提升,既然能成为焦点人物与转折点,那就一定会有特别之处。如此说来,东野圭吾及其作品比起前辈的作者而言又有何不同呢?为什么又是日本作家,侦探推理小说中心难道不能往亚欧大陆美洲大陆有所转移吗?

还真难!

笔者解释过海岛国家之所以能够能成为这一类文学作品的胜地的原因,很重要的一个原因就是其封闭性。岛国岛民心态往往会趋于封闭而忧郁,极端者则带着某种程度的绝望感。毕竟,一个人要想走遍一个岛,根据个人能力,总时间可长可短,但是总体而言都是有限的,可以做到的且在广阔大陆生活的人则很难想象自己一生能够遍历它,不管是非洲大陆还是美洲大陆,更不要说最大的亚欧大陆了;另一个原因则是海岛特别容易招致自然灾害。因为不可避免,躲无可躲、藏无可藏,只能直面,应对时更要有一定的程度和原则，违背了之后，所付出的代价很可能就是生命，而且不是一个人的生命。于是，这种环境特别容易孕育出做事的规范、逻辑和流程来。反应到文学作品的创作上来，就会有推理小说，这是所有文学作品类别里最符合逻辑的一类，好的作家和好的作品如果不是出自海岛这一地区都对不起局限和灾难事件这两个因素。

森村诚一三部曲里面我们最熟悉的是《人性的证明》，里面的女主角是已经成为政治家的八杉恭子，用现在的语言来说就是"凤凰女"，在美军占领时期曾经做过应召女郎，身份处于底层，洗白后上岸，却总可能面临着以往身份被揭穿后的窘迫与尴尬。在自己的黑人混血儿子来寻亲的时候，这种复杂感情最终演变成杀心，这也算是极端状态下的自我保护行为了。其实，这样的内容在松本清张的短篇小说里也出现过，同时代的其他推理小说家也有不少选择这一话题的。想来，从身份很低的人翻身成为所谓高端人士的情况在那个时代的作家眼里就是一种寻常现象。但是，这一过程不是经由教育程度的提升，而只是由时代的变迁导致，中间的矛盾与不堪也就会孕育出犯罪冲动了。松本清张的长篇小说《砂器》中的主人公和贺英良则是一个"凤凰男"，之前随着父亲要饭，其状羞不忍提。后来成为艺术界颇有影响力的希望之星时，被旧事困扰的和贺英良先生终于选择了杀人，以阻断自己惨淡的过去和辉煌的现在之间四目相对的可能性，这个切割自然没有成功，注意到犯罪过程中各种细节的侦探终于还是揭露了真相。

这样的底层逆袭过程中带来的社会与个人身份冲突而引发的案件成为那个时代作家的必然选择。

我们熟悉中国的文学作品，古代一直都有大量的帝王将相、才子佳人的故事、小说或艺术作品。直到《窦娥冤》、那个元曲喷薄而出的时代，完全意义上的普通人方才闯进了观众或读者的视野，再到"三言二拍"，市井生活才越发重要起来。20世纪之后，各种金粉世家、高大全还是占据了相当多的空间。一爱就是倾城之恋，一恨就是家国情仇，和上面所述的日本小说的发展状态倒是有些接近的地方了，后者也动辄《源氏物语》《平家物语》，都是贵族们生活状态的描摹。

当社会越来越成熟，才子佳人、帝王将相们其实是越来越远离公众的日常生活的，普通人才真正是文学艺术应该反映的常态对象。

如果说东野圭吾的推理小说相比而言和松本清张们有显著不同，那就是除了少数作品外，他将笔触完全转移到了普通人身上。

拍成电影的同名小说《解忧杂货店》的老板就是一位仪容有些猥琐，名叫浪矢雄治的男人。之前浪矢在大户人家当佣人，这家的小姐决意要和他私奔，他答应后却没有了勇气，最后还是选择了放弃。后来他开了一家杂货店，娶了一个平凡的妻子，过起了最寻常的日子。此后一生中最美好的事情就是给投递到杂货铺的无名来信提供解忧方案。而投信入箱的也多是被男友抛弃的女子、成绩不好的少年、因为时空错乱而进入的三个小痞子，等等。如果有一点所谓高端人物，也只是喜欢唱歌写歌但是始终没有成功的流浪歌手，最后只是用自己的生命拯救了一位未来成为大歌星的小朋友，仅此而已。

另外一部也拍成了电影的《嫌疑人 X 的献身》在中国也被拍了一遍，说的是一位在大学时期算得上数学天才但是怀才不遇，只是成了一名普通教师的石神，为一位自己挚爱但并未明白表达的更普通的女性靖子解决生活难题，并最后不惜引火上身，完成了对爱情的自我牺牲。日常生活中的所谓数学天才，并没有真正解决世界难题，成为知名学者，而只是作为一片落入日常生活里的叶子，在自己幻想的爱里存在。他超群的智力没有用在学术上，但是在为自己所爱的女人设计着小技巧以逃脱罪责倒是蛮够用的。

被忽略的普通人，被蔑视的寻常人，被欺侮的小人物，这些人成了东野圭吾推理小说的核心主角。

我们当然还可以举出更多的例子，如果说大部分小说就在这样的语境和人物里不断更换具体的场景和细节，那么，只有《白夜行》还稍微带有屌丝逆袭的痕迹。小说里的亮司和雪穗一直生活在幼时被强奸的阴影里，男孩对已经脱离贫困潦倒状态成为商业上还算成功的女孩的长久保护，乃至为了掩饰过去或不被过去事件所打扰，不得不铤而走险杀掉坏人。如果说东野圭吾的系列作品里还有和过去的前辈作家们不太区别得开的作品，基本也就是它了。

东野圭吾大量的作品还涉及普通人。比如为了给孩子补习功课提升成绩而对老师以身相许但又试图摆脱的家庭主妇，因为同性恋身份而痛苦但是依旧不断希望获得幸福的人，家境清寒、父亲自杀时恰遇地震的水原雅也，将碰巧前来讨债的舅舅趁机砸死，却被人目睹，带着这样的焦虑进入了人生阶段(《幻夜》)，为了掩饰儿子杀死女孩而背锅的痴呆母亲(《红手指》)，莫名其妙不断遇到风险事件的女子高中数学教师(《放学后》)，以及在五星级饭店做前台服务员所目睹的犯罪或世间怪相(《假面饭店》《假面前夜》)。他笔下的这些卑微者与现代化的社会环境形成鲜明对立，而在被忽略被遗忘被边缘化的群体和个体里，一种犯罪冲动油然而生。这些人物多就在我们日常生活的周边，或者有些人的性格、心理、行为就是我们自己的艺术化映照。

还有一些颠覆当下推理小说范式的《名侦探的守则》《侦探伽利略》《伽利略的苦恼》等。有趣的是，在东野圭吾的小说里，塑造了一个物理学副教授汤川学的形象，他的物理学知识在探案过程中起到了很大的作用，在对案件科学分析这一点上，就算是阿婆的毒药也无法相比。

因为以东野圭吾的名字推出的作品越来越多，频率也越来越高，有些人怀疑东野圭吾已经成为一个推理小说作家群体的外套，一个真实的笔名。也确实，很多作品跨越行业领域，几乎遍及生活的方方面面，体育、教育、商业、经济、科学、技术、工业、农村、玄幻，无所不及。一个作家有再多经历，太多跨界也让人疑虑。我们见过其他作家推出作品的时间大体还是有规律的，比如丹·布朗，五六年一部作品；比如村上春树，其长篇小说也是数年一部，中间的一些短文结集当然不断，不过不算是完整作品。东野圭吾的小说太多太杂了，也许真的有一个写作班子在后面采用工业化的手段进行创作。但是即便如此，我们也能感觉得到所有作品中大致还是有一个共同的思路，那就是普通人的普通生活中的极端事件以及过程。这些卑微的小人物死水微澜般的日子构成了其作品的主流。

　　如果说这些推理小说本身体现了日本的灾难文化特质，那么，东野圭吾的小说是否更加强化了这种文化内涵？答案是肯定的！我们在《樱花残》一书对于日本恐怖片有过详尽的分析，为什么日本构成恐怖的主角都是女人、小孩这样相对是弱者的社会角色？从本质而言，日本的阶层高下一直比较清晰，哪怕没有如印度这么分明的种姓制度作为文化保障，上下尊卑的区分还是很难跨越。女政治家少之又少，女首相更是从来没有过，女人在事业上再成功，需要相夫教子的时候也会退出回家，电影演员山口百惠就是一个典型的例子。所以，弱者必须强大，如果现实中做不到，那就去文学作品、艺术作品里展示自己的强大。即便在此生不能，那也可以在另外一个世界里用恐怖或者奇怪的方式强大。

太宰治有毒：我很抱歉而生而为人，

月光下那醉人的罂粟花

日本从来都不缺文学家，更不缺小说写得好的作家。从中国人耳熟能详的诺贝尔奖获得者川端康成到大江健三郎，从芥川龙之介、三岛由纪夫、夏目漱石到城市雅皮士村上春树，推理小说高产作家东野圭吾，张嘴就能数出很多各有特色，可圈可点的人物。在优秀作家辈出的日本，太宰治这个只活了 39 岁，浑身充满绝望、诡异气息的作家却在战后文坛上占据了非常重要的地位，这本身也是一个非常有意思的现象。

其实在读过太宰治的几部代表性小说之后，大部分人都会感觉到非常迷茫和混乱，甚至不清楚他究竟想要表达什么，因为通篇看到的几乎都是梦中呢喃一般让人无法理解的词句，整体气息也充满着压抑和绝望。另外，他离世 70 多年后的今天，他在文坛上的地位却一次又一次被各种纪念活动和研讨会、作品出版和翻译等抬得越来越高，甚至成了日本文坛中一个神一般的存在。

其实即便是从单纯的阅读感受来讲，读太宰治的作品时会自然而然联想到另一位只比太宰治小五岁，但却比他长寿得多的法国著名女作家玛格丽特·杜拉斯，就是那位以电影《广岛之恋》（1959 年）和《印度之歌》（1975 年）赢得国际声誉，之后又以小说《情人》（1984 年）获得龚古尔文学奖的传奇女作家兼导演。

相信很多人在读玛格丽特·杜拉斯的代表作《乌发碧眼》《情人》时也一定是一脑子浆糊，很快就会迷失在她跳跃且断裂的思路和故事情节中。其实，能写出很相似的丧感觉的人，其生活经历也一定会有很多相似之处，比如说敏感的性格，曲折的生活经历，多情且滥情的混乱私生活，神经质的身体状态再加上依赖毒品或者药物之类等等。我一直觉得文字的混乱和作家当时精神的混乱是联系在一起的。其实想想，说不定也是他们个体精神出现问题的悲剧才造就了他们别具一格又很有才气的作品。那种逻辑混乱中奇妙的想象，怪异却又深刻的描写，也许在精神正常时是写不出来的吧？

太宰治，就像一朵月光映照下闪着狡黠光泽，充满着极度诱惑却又极度危险的罂粟花，摇曳着，直到毁灭自己，也毁灭他人。在《二十世纪旗手》中，太宰治引用诗人寺内寿太郎的话"生而为人，我很抱歉"后，这句话一度走红，甚至很多人都以为最初就出自太宰治之口。以至于后来他和情人太田静子的私生女——作家太田治子还抨击她父亲太宰治偷了寺内寿太郎的这句名言。

太宰治的一生，是一个短命的天才作家写出各种类型触动人心的作品的一段短暂年华，也是一个长得帅到从小被人评价说会祸害不少女人的渣男渣到极致的唏嘘，更是一个一生行为放荡、内心苦闷，却得不到解脱的精神病患者在生与死之间苦苦挣扎的无限痛苦的集合。

别人口中的太宰治

太宰治本名津岛修治，1909 年 6 月 19 日出生在日本津轻地区的一个著名富豪家里，上面有五个哥哥，四个姐姐，下面有一个弟弟。作为一个大家庭中众多孩子之一，他从小就身体虚弱，性格懦弱。如果用简短的一句话来介绍他的话，应该是：日本战后无赖派文学作家太宰治，享年 39 岁，代表作《逆行》《斜阳》《人间失格》等。

所谓无赖派，英文叫做 Rogue send Literature ，是"二战"后在日本引起极大轰动的一种文学派别。属于这一派的作家的作品具有反抗权威的意识，对生活采取自嘲和自虐的态度，写病态和阴郁的东西，具有颓废倾向。评论家小田切秀雄称无赖派为"反秩序派"，因为他们都在毁坏自我。主要代表人物和作品包括：坂口安吾的《白痴》《在樱花盛开的树林下》，石川淳的《废墟中的上帝》《黄金传说》，田中光英的《野狐》。此外还有织田作之助，伊藤整等人。自然，太宰治在其中是最具代表性的一位，也是影响力最大的一位。

人们常常用来描述太宰治的词汇有：绝望、不幸、懦弱、不安、阴郁、神经质。总的来说，他的作品中糅合了单纯的孩子气和颓废又神经质的恐怖气息，故事简单却又并不掩盖那些出人意料的惨淡真实，虽然有时候的情节甚至让人会误以为写的就是那个在暗夜里不堪的我们自己。

三岛由纪夫这样评价太宰治："太宰治气弱，人也很讨厌"。

而文学批评家奥野健男却说："无论是喜欢太宰治还是讨厌他，是肯定他还是否定他，太宰的作品总拥有着一种不可思议的魔力，在今后很长一段时间里，太宰笔下生动的描绘都会直逼读者的灵魂，让人无法逃脱。"

在太宰治离世之后，折口信夫写下了《水中之友》来纪念他。开篇大段的诗歌表达了对友人太宰治的怀念与不舍，但也充满了对他选择死的理解。毕竟，如同芥川龙之介选择自杀是因为身体上的病和精神上的双重折磨一样，太宰治选择死应该也是在精神和身体上的肺病双重折磨下的一种弱者的投降。折口信夫一直认为生是比死更为艰难的事情，因为死随时可以选择，而且他认为太宰治最不应该的就是不守信用就死了，因为当时太宰治正在报纸上连载他的小说 *Good Bye*，原计划连载80回，他自杀时才刚刚连载到第13回。

檀一雄作为最后的无赖派作家，被人称为太宰治的小跟班，还曾被太宰治邀请一起自杀。两个人曾经一起在热海的居酒屋欠下钱，檀一雄被作为人质留在酒馆，太宰治去找钱却一直未归。据说这个故事成为了《奔跑吧，梅勒斯》的创作原型。而最令人说不出话，不知该如何评价留下朋友在那里当人质，自己却一去不归的太宰治，竟然能理直气壮地说出等人的人难过，走了没回来的那个人其实也难过来替自己辩解。

更为极端的是太宰治的弟子田中光英。他爱自己的老师爱到一路追随，甚至选择了在太宰治去世的第二年，在太宰治墓前割腕自尽的程度。

褒贬不一，爱他的人爱到为了他可以失去生命，可是即便如此，尽管他自己毕生都在痛苦中煎熬，但也还是用他那副生无可恋、游戏人生的样子，负了一个又一个等待和爱着他的人。

不要绝望，在此告辞

加缪说："真正严肃的哲学问题只有一个——自杀。"死对于太宰治而言也是一个一生中随时都会付诸实践的主题。他对于死的追求甚至成为朋友们拿来和他打赌的命题，虽然他那次赢了，熬过了打赌那年的六月，却最终还是在另一个六月里，在自己人生中的第五次自杀中成功结束了自己的生命。太宰治认为，"人的完成归结于死。或者，皆属尚未完成"，因此，从 20 岁开始，他就在以死这种形式来完结自己的人生。

太宰治的作品之所以动人，其实很大一部分原因是源于其作品中自然与非自然，现实与想象的有机结合，很多时候我们甚至会分不清很多作品中的主人公是不是就是他自己本身。对于死，太宰治从小就挂在嘴边，短暂的 39 年的人生中一共实践了五次，而在他的作品中，也一而再再而三地讨论过死亡。

比如，他借《维庸之妻》中男主人公大谷的嘴，说出来"自打我一出生，我就总是考虑死的事情，就算是为了大家，我也是死了的好"这样的丧到极致的话。

而在《人间失格》中，他又借着主人公叶藏之口，说出这样的宣言："我是罪孽的集合体，所以我只能变得愈发不幸，无从找到防范的具体对策"。变得不幸的极点就是放弃生命吧？因为他认为靠颓废和堕落等方式来惩罚自己的原罪是远远不够的，只有死亡才足够让他接受神的处罚和鞭笞。

于是，死这个可怕的话题对于他而言，似乎就显得极为稀松平常。他曾经写到："我曾经想到过死。今年新年的时候，有人送了我一身和服作为新年礼物。和服的质地是亚麻的，上面还织着细细的青灰色条纹。大概是夏天穿的吧，那我还是活到夏天吧。"死不死，原来仅仅取决于一套和服。但同时他又写到："我想死，索性死掉算了。我必须得死，活着便是罪恶的种子"。于是，他很轻松地就一次次去寻死，一共自杀了五次。

第一次自杀是在 1929 年 12 月 10 日，当时的太宰治只有 20 岁。在读大学预科时，他接触到了马克思主义思想，对自己的地主出身感到十分羞愧，在老师井伏鳟二的引领下，参加了共产党的革命运动。同年受到自己的偶像芥川龙之介自杀的刺激，于是决定采用和芥川龙之介同样的方法服安眠药自杀，但服用的剂量不足，自杀未遂。

第二次自杀可以说是第一次自杀的继续，时间也紧接着，发生在第二年，即 1930 年。陷入生活的无尽虚无感和绝望感中的太宰治仍然在寻找死的理由和机会。于是，在结识了 18 岁的银座咖啡馆女招待田部阿滋弥之后，两个人一起吃安眠药后投河自杀。女招待田部阿滋弥死了，可太宰治仍然没有吸取上次自杀药量不够的教训，又活了下来。

第三次自杀是在五年之后的 1935 年 3 月，当时 26 岁的太宰治参加东京都新闻社的求职测验落选，再加上第三届芥川奖落选，同时因治疗腹膜炎经常过量服用镇痛药产生了依赖，备受药物折磨，而且医院的欠款也在与日俱增。在多重失意下，太宰治企图在镰仓山上吊自杀，后来据说是绳结断了，摔落到地面，上吊自杀未遂，但他的脖子留下了明显的绳索勒痕。

第四次自杀是在两年之后的 1937 年，太宰治 28 岁时。这一年 3 月，他和情人小山初代一起在群马县北部的水上温泉服安眠药后投河自杀，但是剂量不足，两个人都没死成。看来两年前的上吊自杀方法给他留下了阴影，比较而言，大概他觉得还是服安眠药痛苦更小一些吧，所以这次的自杀方法又回到了开始使用的方法，但是却第三次犯了同样的错误——服下的剂量不足。自杀次数太多，自杀未遂的原因也屡次重复，这不由让人开始怀疑，究竟他是厌倦了人世，还是已经开始拿自杀当一种生活秀场的表演呢？

第五次自杀和前面几次自杀之间间隔的时间最久，发生在第四次自杀 11 年之后，也就是 1948 年，当时的太宰治 39 岁。中间日本经历了"二战"的战败，对于太宰治个人而言，也经历了 1939 年的结婚。这十年左右的时间是太宰治一生当中难得的稳定平静的时期，也是他埋头创作的一个时期。他的代表作《斜阳》《人间失格》等等作品都是在这个时期完成的。但太宰治却突然在 1948 年 6 月 13 日，与另一个情人山崎富荣一起在东京的玉川上水服安眠药后投河，两个人双双死亡。

太宰治和他的女人们

无赖派作家坂口安吾曾经写过一本文艺评论叫做《堕落论》，其中，"人活着，人堕落"一时成为了日本的战后名言。他认为人堕落的原因是先验的，永久的，用来解释太宰治的混乱生活状态是非常合适的。太宰治自己本身极度敏感，极度脆弱，又极度矛盾的性格特征，再加上从小在富豪大家庭中作为第六个儿子不被重视，年幼时就被女佣引诱等等复杂生活经历的影响，形成了他追求虚无，反抗现有秩序却又缺乏开创未来的信心和力量的纠结状态。他一生中五次自杀竟然有三次都是带着女人一起自杀的，虽然也有人怀疑他的自杀是"为情所困"，但其实虽然他一生混迹在女色中，但真正谈得上情的，却也很难说是有还是没有。

太宰治自杀了五次，巧得很，一生中跟他有或长或短情爱关系的女人主要也是五个。我们先来看两个跟他相处时间短暂，却陪他一起自杀的女子。

第一个是18岁的田部阿滋弥。当时的田部阿滋弥是个陪酒女，人生经历悲惨，无意中遇到了在酒馆里买醉的太宰治，当时21岁的太宰治因为自己高中时迷上了艺伎小山初代而被家里逐出家门，断了经济来源，苦闷异常的太宰治和对生活也几乎绝望的田部阿滋弥同居三天后，相约一起去赴死。虽然是共同自杀的关系，但其实他俩之间根本也谈不上什么爱，不过是互相鼓励，相约自杀的两个同伴罢了。而且据坊间传言，之所以这次自杀田部阿滋弥死了，但太宰治没死，是因为太宰治听到田部阿滋弥在死之前嘴里念着的名字是另一个男人的名字，而不是自己，所以很生气，就解开了绑在两个人手上的绳子逃生了。是真是假不得而知，但田部阿滋弥于太宰治，如果不是一起自杀，几乎就像他一生中经历过的无数酒馆陪酒女一样，连个名字都不会被他记起。

第二个相处时间也不过一年多的情人就是太宰治最后一次自杀的同伴山崎富荣。28岁的山崎富荣作为一个读者爱上了太宰治之后，与家里断绝关系，一年内花掉了自己开美容院攒下的所有积蓄，即便到现在，金钱总数折合人民币也差不多相当于50万元，在当时的物价下，就更是很大一笔钱了。这其中还包括给太宰治的另一位情人太田静子母女付生活费。是怎样的爱才可以让一个女人不但舍得为他放弃亲情，甘愿拿出自己毕生积蓄，甚至还给他的其他情人和孩子出生活费啊！我不知道该如何评价这种爱，到底是卑微到极限，还是伟大到极限，只是觉得心里疼痛，为她感到不值。山崎富荣还在自己的日记中写到：看着存款数字渐渐消耗殆尽，反倒有了一种不可思议的平静。据太宰治的朋友野原一夫回忆，山崎富荣曾说："我有个很好的朋友，最近我拜托他，希望能把我的骨头和先生埋在一起，即使只有一片也好，他答应我，一定照办"。可惜的是，当在 1948 年 6 月 19 日，太宰治的生日那天，山崎富荣和太宰治的尸体被发现以后，她的家人来处理她的后事时，决绝地带着她的骨灰离开了东京。这个痴情的女子，最终也没能实现自己的愿望，哪怕有一根骨头能和太宰治埋在一起。

除了他们两位之外，还有一位虽然和太宰治几乎也谈不上什么感情纠葛，因为这段感情几乎就是女方的单恋，但是因为他们生了一个女儿，从而使得这个关系又显得有些特殊。这位女子就是女编辑太田静子。一般来说，大家都认为太宰治的代表作《斜阳》中女主人公就是以太田静子为原型创作的。单恋着有家有室的男画家的女主人公的悲剧，就是现实生活中太田静子的悲剧。

而在太宰治最后一次自杀前几个月出生的太田静子和太宰治的女儿太田治子，若干年后在父亲和母亲遗传的写作天赋下，也成长为了一位优秀的作家，并且写下了自己从未见过的父亲与母亲的故事出版，书名叫做《向着光明：父亲太宰治与母亲太田静子》。"毫无疑问，太宰治是个变色龙一般的人物"，太田治子用了极为刻薄的语气这样评价父亲太宰治。甚至在这本书里她还爆出了一个惊天秘密，说《斜阳》其实是太宰治抄袭了旧日情人太田静子的日记。她说《斜阳》大部分是她母亲太田静子的日记原文，而太宰治加工后就以自己的名义出版了。因此，《斜阳》应该算是母亲太田静子和太宰治共同创作的作品，而非像太宰治自己所说，太田静子只是他写作《斜阳》时的助手。而且太田治子还揭露出，为了得到太田静子的日记，太宰治在某种意义上使用了非常卑劣的手段，也就是答应一直单恋自己的太田静子和自己共度一晚。这个将自己待价而沽，甚至像男妓一样出卖的行为确实也让人咋舌。不知是真是假，但是若干年后，他的女儿太田治子是这样评价自己的父亲太宰治的：在不被原谅的人性和可以理解的艺术追求之间，太宰治就生活在这两者的缝隙中。

另外两位和太宰治接触密切，且时间非常长的女性，一位是艺伎小山初代，另一位是中学老师石原美知子。

太宰治在 18 岁时就迷上了小山初代，1931 年 2 月开始与小山初代同居。在同居之前他就已经被家里除籍，靠小山初代家的资助生活。六年后，因为太宰治发现小山初代和自己嫂子的一个远房亲戚偷情，受到极大打击的太宰治胁迫小山初代和自己一同自杀，但两个人都没死成，二人的感情也完全破裂，从此分道扬镳。

尽管小山初代和太宰治同居的时间长达五六年，太宰治也在一定程度上，无论是经济上还是精神上都依赖小山初代，但是相处过程中的艰难和太宰治一贯的放荡不羁让小山初代不得不痛苦地承认，太宰治其实并不爱自己。

真正陪伴太宰治时间最长，且身份地位又光明磊落的就是石原美知子了。她结婚后随了太宰姓氏，改名叫太宰美知子，是一位中学老师。1939 年，他们在老师的介绍下结婚。或许是战争对人的影响形成了太宰治相对平静的这一段生活，或者是美知子本身的个性和修养在一定程度上帮助了太宰治，亦或让我们暂且相信太宰治在遗书中所表白的，认为自己一生当中最爱的就是美知子，总之在这段比较长的婚姻中，太宰治不但小说作品颇丰，而且还埋头于其它研究，甚至还为了研究鲁迅，专门去仙台实地调查，于 1945 年 2 月写下了关于鲁迅的传记《惜别》。

这段时间虽然整体上比较平静，但对于太宰治来说，他个性上的所谓"可耻"和生活中的痛苦放荡也并不会让他甘于正常人所谓幸福的生活。美知子和太宰治生了三个孩子，其中一个儿子是天生弱智，身体也有严重问题，这让太宰治非常痛苦，他甚至经常想要抱着这个儿子去自杀。而美知子这个被一个精神极度不稳定的鬼才作家太宰治自称真正爱过的女人，其实也是不幸的。

在他们的婚姻中，太宰治也没有停下继续出去和情人们纠缠不清的脚步。

注定的悲剧：是魔鬼还是精灵？

有文学评论家认为太宰治的作品创造可以分为三大阶段。前期的作品多表现为颓废叛逆，中期的作品体现出了再生精神，而后期的作品则在回顾总结一生经历的基础上充分表达出了毁灭意识与永不妥协的思想。但实际上，他的身体状态和精神状态并不是折线型的脉络，而是好好坏坏的不停反复。稍微正常一点的时候，也能写出清新可爱如《御伽草纸》这类的传统小故事，精神状态糟糕的时候写出来的就是充斥着阴暗、疯狂、抑郁气质的文字，读起来也让人感觉特别晦涩。

很奇怪，尽管我们看到了足够放荡，足够疯狂的太宰治的一生，可是在读他的文字时，却还是会不由得怜惜，同情起这个似乎永远都在小心翼翼讨人欢心，满心都是对世界的无尽恐惧和厌倦的小男生。

在《晚年》中，他这样写道："你长得不漂亮，所以得学着招人喜爱，你身子骨弱，所以至少要做到心肠善良，你好说空话，所以要尽量多做一些"。深入骨子里的自卑让太宰治在各个作品里都把其实是自己影子的主人公塑造成长得难看的少年，其实他不知道自己生就了怎样一副明星般漂亮的面孔啊。不但对自己的长相没信心，甚至他对自己的写作也没信心，在《晚年》里，他还这样写道："这里有一个男人，生来，死去，他把自己一生都用来撕毁写坏的稿子"。

太宰治的痛，是先验性的，他用放纵和沉迷酒色来毁灭自己，但同时却又深深地感受着活着的痛。在《人间失格》中，他借描写母亲想到不成器的儿子时，想到整个没落贵族家庭衰败得让人无法接受时的心理感受来折射自己的痛。"母亲固然那样说了，可还是每喝一口汤汁，就想起直治'啊'一声。而且，我过去的伤痕实际上也一点儿也没愈合。母亲尽管装出幸福的样子，但日渐衰老"。

太宰治是不幸的。玛格丽特·杜拉斯在自己 70 岁时，认识了不到 27 岁的大学生杨·安德烈亚，他成为了她的最后一个情人，一直陪她走完了 82 岁人生。而太宰治却在 39 岁时和深爱着自己的情人用死了结了彼此都知道绝对无法继续下去的纠缠和感情。

这，或许就是太宰治注定的悲剧，也是一个无法避免的结局。

那年在日本九州的旅行，因为阿苏火山和熊本地震的缘故，我特意前往熊本逗留了一天。但旅游前的功课却没有做好，因地震后修复而关闭的熊本城让这一天的主要目的变成了失望，就只能看着谷歌地图来随机寻找其他可能的"艳遇"了，随后就奔向了熊本最漂亮的水前寺成趣园。日式风格的枯山水自然是别有风味，也就在里面逗留了不短的时间，但没有想到的是，原来在熊本生活过四年三个月的夏目漱石先生的第三故居，竟然就在成趣园旁边。于是带着意外的惊喜和对于这位日本文坛巨匠的崇拜，走进了这座被管理得井井有条的夏目漱石第三故居。

第三故居规模不是很大，没有夏目漱石居住时间最久的第五故居有名。但想想这只是夏目漱石在熊本居住的短短四年时间里搬过六次家中的其中一处居所，竟然又觉得暂居之所能到这个程度，看来当时在熊本第五高等学校任教的教员生活水平也还是不算低啊。而且据说后来夏目漱石颇有些散文体的小说《草枕》素材来源的旅行就发生在他居住在第三故居期间，似乎这个名不见经传的第三故居也有些伟大了起来。与第五故居类似，这里也是传统的日本和式房间，地上铺着榻榻米，周边有些简单的家具。虽然只是极简的布置，但房间采光很好，让人走进来之后立刻就能安静下来。想象着一百多年前夏目漱石先生在学校教完英文课后回到这里，是怎样坐在小桌前或读书或思考或苦闷，眼前竟然生动了起来，似乎有了画面感一般，房间也有了些时光穿越的生气。

房子不大，很快就看完一圈儿，礼貌地跟管理人鞠躬告别后走了出来。但屋内一块牌子上的介绍却一直在头脑中挥之不去。牌子上的标题是"Moving, moving, and moving"。大文学家也曾经如此居无定所，辗转迁徙啊！这个标题不由让我等凡人俗夫也心生万千感慨了。

璀璨如光耀文坛

有关夏目漱石的认知和研究，中日之间是存在明显差别的。在日本，夏目漱石是作品被选入中小学国语课本，家喻户晓的大文学家，甚至他作为唯一的一个文学家还登上了上一版的日元一千元纸币。也就是说，在日本，无论是阅读夏目漱石的作品，还是研究夏目漱石，都是显学。而在中国，夏目漱石的知名度和影响力是被显著低估了的。尽管因了鲁迅先生的大力推介，甚至他还亲自翻译了夏目漱石的两篇小说，但中国人对于夏目漱石的认知却也大不过停留在《我是猫》《少爷》这不多的几部小说上而已。我贵州大学的朋友李国栋教授写过两本夏目漱石的书，在旧书网上已经是在以比原价贵很多倍的价钱出售。当然一开始出版的时候也并不热络，这个课题还算是冷门呢。在广大中国人群中，夏目漱石的影响力要比川端康成、大江健三郎、紫式部弱，很多时候也许还要弱于被他提携过的《罗生门》作者芥川龙之介，中国人钟爱的雅皮士小说家村上春树，以及推理小说写得如鱼得水的东野圭吾等人。

2000 年时，日本《朝日新闻》曾经在全民中展开过一个评选全日本 1000 年来最受欢迎的 50 名作家的活动，夏目漱石以 3516 票高居榜首。文学史上对他的评论是：日本近代文学史上最杰出的代表性作家之一。他与森鸥外并列被看作是日本近代文学的两位巨匠。日本老少皆读过夏目漱石的作品这一点，真正让他能担当得起"国民作家"这一美誉。

其实除了我们熟知的小说之外，夏目漱石还有诗人和学者的身份。从小学习汉唐诗文，加上他出色的日文俳句功底，都体现在他留下的 207 首汉诗和大量俳句作品中。此外，作为一个常年教授英文和英美文学的老师，他的影响力还在于文学研究。他还留下了两部文论。在我"无心插柳"邂逅参观的夏目漱石第三故居里，也用石碑刻下了夏目漱石的一首题为《菜花黄》的汉诗——

菜花黄朝暾

菜花黄夕阳

菜花黄裹人

晨昏喜欲狂

旷怀随云雀

冲融入彼苍

缥缈近天都

迢遁凌尘乡

斯心不可道

厥乐自潢洋

恨未化为鸟

啼尽菜花黄

读来也是颇为让人动情的一个作品。

在我们最熟悉的小说领域，夏目漱石也不是一个"出名要趁早"型的选手，而是一个后来者居上的典型代表。从他的代表作《我是猫》在 1905 年出版以后，他才算真正开始了一个职业作家的写作生涯。而那时正是他从英国留学回来，已经 38 岁。不知道是之前多年英文教师的工作束缚了夏目漱石太多思考和写作的天分，还是英国留学期间的所见所闻所感更进一步刺激到了国家强弱带给个人的巨大影响之深刻体会。从 1903 年归国以后，他就一边在东京大学讲授英美文学课程，一边开始以极大的热情投入到小说创作活动中，从此持续不断地写下了广为流传的《少爷》《草枕》《三四郎》《虞美人草》《行人》《心》《路边草》等一系列小说。

鲁迅比夏目漱石小十几岁，差不多可以算作是他同时代的人。鲁迅对夏目漱石的文笔可谓是称赞不已，说："夏目的著作以想象丰富，文词精美见称。他是我最爱的作者，当世无与匹者"。而小了夏目漱石 82 岁，在现在的日本和世界文坛如日中天的村上春树则评价道："夏目漱石的伟大，不只是在文学方面的造诣，更多的是因为蕴含在其文字中的，能动摇灵魂阴暗面的那股力量"。

世事浮沉中的呐喊与低吟

刚开始读《我是猫》时，对于夏目漱石的文章之好，我是没有太大感觉的。但在读了其他作家的文字后再打开这本，立刻感受到了夏目漱石文字中舒缓流畅的节奏和大气的结构把握，不由感慨，成为大师一定是有道理的啊。鲁迅的眼光果真没有错。

其实，除了文字本身之精美，夏目漱石之所以堪当日本国民作家之名，更重要的原因在于他所处的变革时代，以及他在描述这些变革中所不断思考后想要批判和抓住的东西。夏目漱石生于

1867 年，第二年日本就开始了在日本历史上留下浓墨重彩的明治维新。纵观夏目漱石从 1905 年到 1916 年去世这短短十来年时间里写下的文字，无一不是在思考和批判全面西化，开放国门，大力推进工业化后日本社会和日本人心理上的重大变化和各种苦恼。

最早的《我是猫》被公认为从一只猫的视角反映了明治维新后日本资产阶级的自私、贪婪，以及虚伪。现在看来不觉得怎样的以动物之眼观人世间之可笑这种形式，在 100 年前确实是创造性的写作革新，而且其中所用语言也正展示了为什么现在很多中国的文学评论家喜欢将夏目漱石与鲁迅相提并论来评判。大量或直白或隐喻，但却无一不辛辣的嘲讽，都是夏目漱石早期作品文字里传递出来的主要气息。可以说，这个时期的夏目漱石，目睹了明治维新中随着工业化的深入，土地私有制逐渐显现出了地主所有制的弊端，农民生活日益变得更加贫困，而对于天皇崇拜制度的推崇，又形成和加重了新的愚民政策，这些都严重制约着日本的发展。这些明治维新的局限性或者本身的弊端无一不表现在夏目漱石描述的人物中，也体现在人物个体的故事中。《我是猫》中金田老爷富丽堂皇的住宅和苦沙弥又黑又小的洞窟形成了鲜明的对比，而金田发家致富的秘诀被夏目漱石直接概括为"缺义理，缺人情，缺廉耻"。后面对于大资本家的态度，夏目漱石更是通过苦沙弥的一句对白表现得淋漓尽致："我从在校时就非常讨厌实业家。只要给钱，他们什么事都干得出。"对维新后拜金主义现象的批判可谓是一针见血。

夏目漱石后期的作品风格开始发生显著变化，直白的批评与讽刺渐渐弱了下去，取而代之以对人类情感和内心的剖析与刻画，比如《心》，还有他的半自传体小说《路边草》。他开始关注爱情，关注人与人之间的欺骗与信任。我们看得出来，他仍然努力在这样一个风云变幻的世界中寻求一个出口，只是，视角从大社会跨越到了小个人，方式从呐喊变成了低吟。

其实仔细看一下世界各国的文学名著，之所以成为名著，也大多是因为通过小说中的人物和故事折射了当时那个社会中出现的巨大变革。首当其冲让人想起的就是加西亚·马尔克斯写下的名著《百年孤独》。故事写的是布恩迪亚家族七代人100年间的传奇故事和加里比海沿岸小镇马孔多在这100年间的兴衰变迁，但实际展现的却是拉丁美洲100年间伟大变迁的图景。

同为东北亚国家的韩国，1943年出生的小说家黄皙暎同样以忧国忧民的态度关注了韩国社会工业化推进的巨变过程中被摧毁的民间信仰，被边缘化了的城市贫民，用《江南梦》《似曾相识的世界》《日落时分》《金星》等一系列小说作品反映了国家和社会巨变中被扭曲了的人的心灵和感情，呼吁人们在追求工业化高效率的同时，不要忘记人内心的需求，人与大自然的和谐共存。

其实，读夏目漱石的作品，读这些 100 年前的故事，时不时地会觉得他仿佛在讲述今天的社会万千。想起了沈从文先生之前在自传里讲过的，自己小时候在学堂上学时，同时经常逃学去读另一本大书——社会。这种表达看似轻松诙谐，可是人生之心酸和初入社会及善良犹存者的无奈却让人时不时心头沉重。社会这本大书，人生这本大书，一言难尽，读来又是多么漫长而无助啊。

寂寥似水不得解

夏目漱石曾经在讨论自己的写作风格时这样说过："比起嘲笑他们，我更嘲笑我自己，像我这样嬉笑怒骂是带有一种苦艾的余韵的。"大概这句话最贴切地解释了他后期文风的变化和自己内心深处的无奈。

这种无奈大约一半是由于对国家、对社会、对时局的忧虑与叹息，另一半大概也源于个人性格吧。夏目漱石和众多优秀的伟大人物一样，他的一生同样是孤独至极致，焦虑到极致的一种生存状态，其实，他的生活并不能算是世俗中认为的那么幸福。

作为家道中落的一家人中的老么出生的夏目漱石，出生前就是不被家人欢迎的。他两岁前寄养在别人家，之后一直到十岁前干脆被别人家领养去做义子，后来才好不容易回到亲生父母家，但15岁母亲去世，19岁就开始独自闯荡社会。成年后又一直忍受着神经衰弱的折磨，夫妻感情不和，经济受窘等一系列问题，可以说他一直是在挣扎中活着的一个人。换一种角度来说，夏目漱石一直是个寂寞的人。这种寂寞，在他后期的作品中表现尤为明显。他通过塑造出一个又一个既善良又窝囊的主人公形象，为自己无法突破世俗生活中一层层障壁的无奈和痛苦找寻一个出口。

　　要说夏目漱石的无边寂寥，就不得不提他后期的小说《路边草》。这部作品几乎是夏目漱石的自传体小说，和夏目漱石本人的生活轨迹也基本一致。它描写了一个力不从心的主人公健三因自己的性格缺陷，导致自己连带家人都陷入了被亲戚"啃"的被动局面的故事。书中健三这个人物性格，在很大程度上就是夏目漱石本人的翻版。养父的敲诈，兄弟姐妹的无耻、无赖，这些发生在夏目漱石自己身上的经历，都折射在了健三这个小说人物身上。小说中的健三聪明，能文会写，但在日常生活世故的处理上却笨拙得令人诧异。一方面他是个自私到极致的人，但偶尔冒出的良心也会刺痛他，所以他就会自我安慰，自我开解，把责任统统归结到别人头上，然后自己就可以心安理得地继续保持自己的自私状态了。同时，他性格上拖泥带水，没有主心骨，没有底线的致命弱点，也正是他所有悲剧的最根本的原因。但是他自己不肯承认，还认为自己是重感情。自大又做不好事情，自私又自我美化自己，懦弱到无法做出任何清晰的决策，这大概是健三永远也挣不脱的宿命吧。这样的性格缺陷，终究会让他自己也时不时要受良心谴责，也会让生活在他周边的人痛苦不堪。被亲人捆绑，被道德绑架的夏目漱石自己在人生中所经历过的这些无穷无尽的挣扎、犹豫、愤怒，都成为他痛苦的一部分。

现代社会发展过程中带来的社会之痛无法找到解决之道，个人生活中的身体之痛与精神之痛更找不到逾越之窗。夏目漱石只能独自苦闷着，将这种苦闷和痛苦写入小说中，写入人物中，但却终究难以找到出口在何方。

夏目漱石的意义

夏目漱石在日本近代文学史上做出的贡献和地位自不必赘述，无论是他写的文学理论《文学论》中提出的"非人情观"和"余裕论"，还是他创作出来的大量俳句、汉诗，还有众多短篇和中长篇小说，它们的理论价值和艺术价值都早已由历史做出了判断。但是在夏目漱石先生离开我们已经100多年后的今天，我们再来重新阅读和理解夏目漱石，似乎又具有新的意义。

夏目漱石曾经在回答记者提问时这样说过文学与生活的关系：

"文学是指向人生的，苦痛也罢，贫困也罢，忧伤也罢，凡人生所遇即文学，呈现他们的自然就是文学者。"由此看来，至少于夏目漱石而言，文学并不是一份单独存在的高雅或者体面，而只是人生中所遇到的人和事本身。将自己看到、听到、感受到、思考着的东西写出来，就自然而然成了文学者。从一定意义上来讲，文学是夏目漱石想要改变社会的刀枪，也是他想要挣脱自己命运的阶梯。于我们每个普通的人而言，帮助我们呈现、正视人生苦痛、贫困、忧伤的工具或许可以是写作，或许也可以是任何我们喜欢并习惯的方式：唱歌、做手工、旅行、运动，甚至哪怕是在家里清扫卫生，终归我们会找到一个解决自己心灵问题的通道和出口。

有一个关于夏目漱石的小笑话，在这里也可以说一下，有日本人在夏目就读的伦敦某大学前面捐赠了一尊夏目漱石的塑像。在塑像落成之后，不时就有英国人很奇怪：为什么要把这么一个没有什么影响的日本人的像塑在这里呢？随后大概就会感慨日本人有钱了吧。

很多对于其所在国家来说很重要的大人物，在其年轻时代求学的地方，其个人的意义都很微小，但是这并不会削弱其在本国对于国民和国家具备的开拓性价值和意义。夏目漱石对于日本如此，鲁迅先生对于中国也是如此。从飘落着小小樱花、瞬间灿烂、快速凋零的岛国，个人在其中只显现着细小的价值，到得英伦，刻苦读书，不时还要为个人生计奔波，但是学到了欧洲人文主义强调个人价值的内核，回到日本又要面对个人须得融入集体、个体必须服从机构的环境，其间内心的挣扎是可想而知的。所以夏目漱石小说里的人物都是环境中的失败者，这在某种意义上映射着他个人在返回日本后的境遇。但是也许正是这种价值观上的冲突与不得不做的妥协与调和，才最后造就了夏目漱石在日本文学史乃至思想史上不可或缺的地位吧。而日本随着个人价值在强调集体主义的大环境下渐渐显现，科学的思维和人文的变化都在充分酝酿之中了，国家在诸多方面的现代化也就近在眼前了。

这大概也是除了文学之外，夏目漱石给予我们的意义吧。

古往今来，名人如恒河沙数，能成为雅俗共赏之人，当属何类？聪明过多斥其奸猾，美貌突出沦于虚荣，谦虚太甚视为胆怯，杀伐决断则是不近人情或无法兼顾，总归是在口齿的张合之间，人世的评价成为存活之人极大的挂碍。若要超脱这红尘，寺院当属首选之地，和尚的处世哲学恰恰是主张调和一切，静心修禅，为了看破这世事，更是静待欲望成烟，找回真正的自己。

偏偏是那戒律清规啊：打磨出了清心寡欲的和尚。"和"为忍耐、服从，以"和"为"尚"，故称僧侣为"和尚"。在和尚撞钟、打坐、念经、辟谷的过程中，我们也会认为存于世间需要最为高深的学问，便是与本性中的贪念和欲望对抗吧。如若是吃肉喝酒，甚至情痴女色的花和尚，暂不说雅俗共赏，他还能找到相容相洽的人世轨迹吗？

活佛济公和聪明的一休

中国和日本各有一位"另类"和尚，都因不受戒律拘束而著名。破帽破扇破鞋垢衲衣，嗜好酒肉，举止似痴若狂，这便是中国的济公。"好き好き好き好き好き好き，爱してる。好き好き好き好き好き好き，一休さん"这首全球人耳熟能详的动漫主题曲，曾影响了一代人的童年。日本人用298集，播出8年时间，塑造了聪明过人，富有正义感的一休哥，成为当时风靡全球的优秀动画片。

他们都在家喻户晓的荧幕上活灵活现，以这两位著名和尚为题材的影视作品，不管是动画、电影还是电视剧都能引人入胜，发人深省。能做到与大众口味相和的，要从内里看他们的吸引力。貌似疯癫的济公，却是一位学问渊博、行善积德的得道高僧，被列为禅宗第五十祖，杨岐派第六祖，撰有《镌峰语录》10 卷，还有很多诗作，主要收录在《净慈寺志》《台山梵响》中。而调皮可爱的一休，在解决无数问题时表现出来的机智勇敢，日常待人坦诚，并且不畏权势，乐于出头帮助弱小，这都是人性至善、熠熠生辉之处。

其实他们也都有现实原型。杭州的济公和尚不过是后来文人妙笔生花的产物。而他的原型却是南京的宝志和尚。浙江台州人，生于南宋绍兴十八年（公元 1148 年），圆寂于嘉定二年（公元 1209 年），原名李修缘，法名道济。他常常衣衫不整，寝食不定，其一生行径与一般出家僧人也确有不尽相同的地方，从而被民间渲染得离奇古怪。事实上，济公是一位性格率真而颇有逸才的名僧，佛学造诣颇高。济公云游四方，为人采办药石，行医治病，平生才华横溢，乐善好施，深知民间疾苦，好打报不平，息人之诤，扶危济困。因此，其德行广为传颂，被称为"活佛济公"。

而一休的现实原型则更为离经叛道，之后细细道来。

他们二位都向世人传达着相似的价值观：人心向善，不争不乱；为己聪敏，为人慷慨；同时还要有敢于挑战教条的勇气，打破陈规的能力，才可实现雅俗共赏。从雅而善，从俗且勇——雅人看来此人才识可得，还不拘一格；俗人觉得此人仗义，且不矫揉造作。

遗落人世间

聪明的一休在历史上是生活于日本的室町时期的一休宗纯。"一休"是他的号，"宗纯"是讳，被称作一休，乳名为千菊丸，后来又名周建，别号狂云子、梦闺等。室町时代是日本史中世时代的一个划分。当时的日本在幕府将军足利义满的统治下，结束了长达60多年的南北对峙的局面，政权中心从镰仓转移到京都。一个时代的着墨，往往给国民的生活状态添色。室町时代是实力至上的时代，主从关系实际上变成了实力关系。实力强者为主，实力弱者为从。武士的领地、权利、地位的大小高低统统取决于实力。所以，出现了"下克上"的现象。所谓"下克上"，就是指下级代替上级、分家篡夺主家、家臣消灭家主、农民驱逐武士等现象，"下克上"也成了这个时代的最大特色。或许生于这个时代，拿出锋芒抢夺 C 位才是生存之道。偏偏一休宗纯，守拙藏巧，落于是非要地，却归于世间清净 。

一休宗纯自小就极为聪明，天赋异禀，是日本室町时代禅宗临济宗的著名奇僧，也是著名的诗人、书法家和画家。父亲是后小松天皇，母亲出自世家藤原氏，世间相传其母为藤原照子。由于一休的母亲是被击败的南朝权臣藤原氏人，足利义满逼迫后小松天皇将其逐出宫廷。足利义满便令一休从小就在京都安国寺出家，以免其有后代。一休从未受过皇子的待遇，也从未以皇子自居。《聪明的一休》便是以历史人物一休宗纯禅师的童年为背景改编创作而来。

日本的和尚还是与中国的和尚有些许不同之处的。从一休的身世来看，便首先给了人们一个寻根问源的出处。他本来就不是严格意义上的寺庙禅院之人。或许是皇家的血统传于他不同一般僧侣的聪慧和叛逆，其所言所行也非同于寻常。这一切都表现着一休是遗落人间的明珠。

回归真我本心

"吟行客袖几时情，开落百花天地清。枕上香风寐耶寤，一场春梦不分明。"一休的才情造诣颇高，这是他15岁时写下的诗句。为世人赞叹不已的同时，是他作为一个和尚，词句之间毫不避讳地谈及"香枕""春梦"，这引起了多数人的唏嘘。压抑的日本社会，对人性和本心的探讨总是深刻得过分，却又极力遮掩，不露丝毫。这下被一个本应世外出家的青少年直接表达，且还是个和尚，连基本的委婉都没有做做样子，可见一休宗纯对回归真我，直言本心的坦然。

动画片《聪明的一休》对一休宗纯的童年付诸了很多改编。但是故事开篇的立足点是曾经的皇子一休不得不与母亲分开，到安国寺当小和尚。前文说到过母亲对于孩子，或者说女人的母亲角色，对于男人来说，是世间至纯。童年的纯真和无忧无虑，对于日本人来说，是绝对的意义非凡。可是，与母亲分开的那一刻，日本人极力对抗的"污染"便从未停止。

标准化的不仅仅是煮熟一份乌冬面的流程，严苛的不只有计时器的滴答滴答，还有他们的表情、性情、感情……无法贪恋母亲温柔的脸庞，柔软的怀抱，自分开之际，就要隐忍情绪，压制羞耻，随时随地与孤独相处。身后已然是回不去的富贵宫廷，或者说，纯真童年。说来矛盾，承认自己的孤独，袒露自己的心伤，该算是诚实应有的模样。为什么偏偏不以诚实为尚，却以隐忍为尚呢？因为负能量一定程度上会打扰他人，也贬低自己。但一休是"不打诳语"的和尚，他首先是真诚的，追求本心的，接着才注意到自己的心情没想打扰、麻烦任何人。我意如此，不必遮掩。

对于父母的怀念，还有对自身与众不同的本源找寻，是一休宗纯一生的执念。到他 27 岁，在漆黑的琵琶湖上搭船坐禅时，突然听乌鸦一声嘶鸣，一休猛然顿悟。他想起和歌有一句："得闻乌鸦阇黑不鸣声，未生前父母诚可恋。"这是在说乌鸦不会在阇黑中鸣叫，却总会在黑暗中鸣叫。这极具禅意的观点，更进一步的是，这让他想到未出生前的父母。他悟到，出生前的无分别智，才是自己的本源实相。禅修的目的是拂去缠身的尘埃，回归真实的自己。

再往后，华叟预知自己时日无多，经某人将印可证书交给一休。可他当即把印可证书撕毁烧掉，因为，一休认为印可皆身外之物，对回归真我无益。而且他觉得当时的社会只追求可以受到外界认可的印可，使得修禅充满了虚伪。他烧毁印可也表明不屑于同庸俗事态同流的心意。他曾以诗言志，"破烂衫里盛清风"，"身贫道不贫"。他对于违背纯洁信仰的行径十分厌恶。一休曾在京都建仁寺修行。那时寺庙表面兴盛，但内部极为堕落。僧侣一味地结交权贵，追求名利而忘记真正的修行。一休厌恶至极更不会有同样的路数，因此他潜心研习佛法，同时研修汉诗。他自称"狂云子"，并写下汉诗集——《狂云集》。

到处惹尘埃

一休视诸多清规戒律于无物，一生醉酒狂歌，狎妓作乐。一生行为奇异，敢于喝祖骂佛，以狂放不羁而名闻于世。他的艳诗比仓央嘉措还要坦露，他的疯行彷如济公，他的悟境在千百年的日本独一无二。

一休宗纯不能与世间虚伪的浮尘共处，便选择漂泊，餐风饮露，云游各方。这点也同中国的济公一样。之后，他成为了日本佛教史上少见的疯狂禅僧。他超越了戒法表象，直契天真本性。早期，他的诗有点儿陶渊明的意味。追求高洁的信仰，向往那种摒弃世俗干扰、畅想宁静生活。这时他每天规律生活，或研读经文，或吟诗作赋，生活悠然而平静。但到了晚年，一休的性情大变。他自己起了"梦闺"的雅号，开始破戒嗜酒，声称"疯狂狂客起狂风，来往淫坊酒肆中"。甚至公然讴歌自己与盲女的爱情："盲森夜夜伴吟身，被底鸳鸯私语新。新约慈尊三会晓，本居古佛万般春"。

一休虽疯狂，却是纯真之人。他归于真性情，实现开悟的后半生，破除了虚伪的世俗壁垒，清规戒律。一休宗纯达成了雅俗共赏，圆熟的理性，以民众为友，不理权门与荣誉，为爱而活，受到万民的仰慕。一休禅师超越了世间的物欲与法执，以彻底的佛教大乘的修行方式而过着高荣的人生，终其一生以无我的大智大爱济世度人。

聪明的一休是孩子们的榜样,这部动画片为我们的童年带来了很多温馨的回忆。其实对于长大后的一休禅师的某些"天真",仿佛他还被动画片里精彩的剧情呵护在精致的摇篮里,不愿长大。殊不知,对于"生命意识"亟待深入而终将成长的我们,他的真实经历与洒脱性情,他超越世俗、虚伪与麻木,所保持的"永远的活力",会比怀念中稚气的儿童动画带来更多启示。在现实的人生中,我们就像是木偶,往往忘记了我们真实的本性,而迷失在种种"身份认证"里。

一休是个离经叛道的花和尚,但其实他以疯癫道出人间世相,不拘于世俗的假象;通过拨正禅宗弊风,阐释着纯正的真谛。一休宗纯,以到处惹尘埃的方式守护着纯洁的信仰,申斥着世俗的纷乱虚伪。细细体悟,其中或许还掺杂着些许无法相容于世的苦恼。他是名僧,终究未能得世事之道,做不成得道高僧……

一篇文章，或者一部小说一旦上了中国的小学和中学语文课本，那可不得了，因为受众面实在太大了，马上就能成为几千万人的共同记忆，逾几十年而不衰。以前不特别强调知识产权的时候，小学语文课本甚至都不标识作者姓名，这还能让人只记得内容不记得作者。但现在从小学一年级的语文课本就开始注明原作者，可以想象其影响力可以大到无边无沿。

后来的课本分成了这个出版社和那个出版社的版本，选文也就会有所不同，共同的部分就会减少些，但因为版本总不会超出个位数去，哪怕用全国学生人数除以十也还是较大的一个数字。

笔者之一读书的 1977 年，课本已经换成全国统一版本，而不是各省市分别编写。此时开始的全国学生的共同记忆应该说是开始接近极大。由于经历的正是一个转型期，我在奋笔疾书做各色试题的时候常会发现自己课本里没有学到过的内容，其中一个很典型例子的就是小林多喜二这个日本名字以及《蟹工船》这部小说在课本里的选段。

日本的文学作品在我国的基础教育阶段课本里基本上没怎么选入，也许是因为中日在某种意义上的相似性，但我觉得一个更可能的原因是日本罕有批判现实主义作家。欧洲则会多一些，比如著名的狄更斯就是一流的作家和同样一流的批判现实主义作家，但是日本难找。

在罕有的情状下，小林多喜二就是其中的一个。他只活到了30岁，于1933年在狱中遭殴打后离世。在短暂的文学创作生涯中，小林的多数作品都是以劳工和资产阶级的斗争为内容，这也刚好反映了日本20世纪初劳资冲突的现状，反映了资方的贪婪和劳方的困境与斗争。后者是现实，而写它当然就是批判那种不堪的现实。

另外一个从语文课本中拿掉的原因也许是时代的选择。改革开放之后我们就要大步迈入社会主义市场经济，此时再过度宣扬劳资之间的斗争并埋一个深刻印象在小孩子的头脑中显得不太合适宜，于是小林多喜二以及作品就淡出了课本，从而成了一个课外习题里还会存在的魅影，因为编者没有认真审读而有幸继续保留了下去，被我这种喜欢做题的好学生偶遇。

日本一直不乏好作家。古代的紫式部，现代的川端康成，当代的村上春树，都写得相当好，从内容到文笔都不错。但是其内容不见得符合我们课本的要求，所以我这一代学的语文里面就没有再出现日本的文学，应该说是很遗憾的事情。

更有趣的是，到了12年前的2008年，小林多喜二的系列作品突然又火了起来，他有段落被收入我们的中学语文课本里的那部《蟹工船》甚至还被拍成了电影，小说印数突破 50 万册，绝对属于畅销书的水平了。要说时隔 80 年在日本也已如隔世了，他当年批判的现实难道又重来了吗？

中国最近也在讨论"996"工作制（就是早晨九点开始，工作到晚上九点，一周工作六天），不少资方大名鼎鼎的代表如马云、刘强东们纷纷公开为 996 辩护，其实这些新的现实一下子把小林多喜二当年描绘过的场景直接扔到了现代人面前，此时的中国和 10 年前，乃至 90 多年前的日本何其相似乃尔！

在小林多喜二的诸多小说所展示的时代里，斗争基本上还是农民、渔民与地主及其代理人的斗争，时代的限制使得小说尚未充分展示产业工人与资本家的冲突。还是在 1927 年左右，工农运动在小林所在的北海道呈现出波澜壮阔的局面。面对着当时的状况，贫苦出身的小林拼命攻读马列主义著作，接触革命刊物，并受到高尔基等作品的启发，积极投身于工农运动的实践。他曾为北海道罢工工人撰写传单，参加革命作家组织——劳农作家同盟小樽支部——的活动。这个时期他的主要文学作品《小点心铺》《腊月》《杀人的狗》等短篇小说，都从不同侧面表现处于社会底层的劳动人民的悲剧命运。

1927 年底创作的《防雪林》则取材自北海道"垦殖"农民的

遭遇和斗争，在以往作品的逆来顺受之外，主人公源吉富有了一定的反抗精神。1928—1929 年，又有报告文学《一九二八年三月十五日》、小说《蟹工船》和《在外地主》等作品问世。

其代表作《蟹工船》描写了非人环境下渔工与监工的斗争。当时的日本，和美国一样遇到了严重的经济危机，工厂倒闭、农村破产，大量失业的劳动者流落街头，难以糊口。其中一部分人来到渔船作苦工，可是渔船主的剥削使他们无法忍受，终至起来进行了有组织的罢工斗争，压榨渔工的监工浅川在渔船上被迫对这些穷棒子们低头，可是回港之后，渔工们却被军舰镇压。

小说出版后，中国的作家很快就加以关注。鲁迅主编的《文艺研究》创刊号（1930 年 2 月 15 日）上刊出过《蟹工船》的出版预告。同年 4 月，潘念之译的《蟹工船》就在《共产党宣言》的中文译者陈望道等主持的大江书铺出版了。可以说，日本"舶来"的这部小说与当时中国的工农运动节奏基本相同。因为小说内容上的敏感，在日本长期处于被禁的状态，直到 1953 年，《蟹工船》才又得以以平装书的形式出版，而年销售量也只有区区5000 本。很多了解作家和作品的人以为也就这样，恐怕再也不会有什么反响了。

有趣的是，在日本已经进入发达资本主义社会的今天，小林这本反映初级资本主义嗜血积累阶段的小说突然热销了起来，而购买者多出自"新贫人口"阶层，也就是年收入低于 120 万日元的年轻人阶层，（相当于 7 万元人民币），刚好是日本的征税点。

日本的官方数据显示年收入达不到 200 万日元（约等于 12 万元人民币）的青壮年多达 2000 万人，而日本的基本生活成本在全世界都属于非常高的，所以，月收入一万元人民币在日本非常低，更不要说六七千了。新贫阶层加上稍高一点收入的阶层对于当下的日本经济状态和发展未来是很绝望的，但是困于自己改变生活的难度，希望找到一个发泄口，于是小林多喜二的作品中所描述的在资方压榨下痛苦工作的渔工、工人、农民就成了一个象征。这就是《蟹工船》到了 2008 年后突然火了一把的基本原因。

相对于权利意识较强的欧美国家，日本人乃至整个亚洲国家的人，对于个人的螺丝钉角色往往是内心就比较认同的，这和长期形成的文化有关系。亚洲人总把自己托庇到一个大的机构或组织里面寻找个人的存在感，凡事不喜欢个人奋争，而要和一个群体一起谋取利益或取得内心的均衡。而欧洲在文艺复兴之后，个人主义、人本主义盛行，认为个人权利是首要的，是否有组织机构在后面支撑不影响个人权利的申明与追求。有人甚至说东西方写地址的顺序就反应了这一点，西方人总是先写自己的名字，然后是所在地的地址，再是更大的省或者国家；而亚洲的写法刚好相反，先大后小，个人永远存在于群体的巨大阴影之下，从群体的存在性中寻找个人卑微的位置。

如果依照这个说法，那么，日本尤其如此。在一个樱花国度，小小的樱花虽然拼命去灿烂，但是依然要和一树樱花一起，方能形成规模，呈现于观瞻者的眼中。一朵小小的樱花完全无法脱离集体而单独存在，即便偶有存在，也必然会被忽略。

日本的雇佣制度也一直是经济学界喜欢研究的，它一直都是终身雇佣，和经常要换换工作，或者一生如果不换上若干个工作就似乎是活得不够畅快的欧美人完全不同。日本人如果不得不换下一个工作，内心里往往是很痛苦的；出于同样的个人格外渺小的心理状态，工厂、企业机构的雇主或经理人也愿意给雇员提供一种终生可依赖的环境。

但是，经济并不会永远蓬勃向上，尤其是年轻时候的薪水也不可能高到过着既有尊严又有充分自由的生活，日本年轻人的郁闷也就与日俱增了。而从整体上说，日本人的福利已经相当不错了，所以，抱怨起来也并没有特别足的底气。郁闷于心与无由抗争之间形成了一种奇怪的均衡，这一点最后表现在文学上，一是各种适合御宅族的作品大量出现，另外一种就是寻找描写内心郁闷的文学形式。我们知道，夏目漱石作品中有众多的失败者，川端康成作品中有各种与外界社会不协调的人，太宰治的激情与深入骨髓的孤独感也格外突出，这些都成为日本人喜欢的东西，但是渲染的几乎都是宿命的气氛，没有什么明显的抗争，往往只是流于抒发感情而已，都不够过瘾（哪怕只是眼瘾）。此时，革命初期小林多喜二从低眉顺眼地接受命运的安排到积极抗争，哪怕付出代价的作品再度进入年轻人的视野，并成为他们引以为同道的同志。事实上，今天的日本完全没有了20世纪初那种恶意惨烈的剥削。但是，作为小小樱花般存在的年轻个体，找不到根本性的出路所在，也就从托庇于集体改为托庇于某一类作品吧。

更让人很难相信的是，《蟹工船》还出了漫画读本，也够与时俱进的，特别适合二次元时代的今天。从业主的角度说，不愿雇用正式工，因为除了负担医疗保险，还要支付房贴，自然就不如招临时工成本低廉，还可以随时解雇；而比起临时工来，小时工就更加好用了，下一个小时就可以解雇掉。而这些小时工、临时工面临的雇主，难道和《蟹工船》的监工有什么本质性的差别吗?!

残篇 缺憾之美 侘寂之境

苔盛开也，佐贺
灿烂米，
偏安亦不佐贺凡

　　白岩松在一档电视节目里特别谈到日本，说他个人一开始不相信日本每一个小地方的公共管理和服务也能像大都市那样精细和完善，就和节目组驱车到了一处偏僻地带的公共厕所，想确证里面的卫生设施不会像大城市的公厕那么齐全，结果他失望了。里面该有的东西和大城市的公共卫生间一模一样，也是面面俱到的。

　　细节能够决定很多东西，"大处着眼，小处着手"也是日本人行事做事的基本规则。这方面我们从小小的卫生间到国家的制度变迁，都能感受得到。

　　这又让人想到了樱花。其实，日本人选择樱花作为象征物，除了它花期不长，在灾难面前勇敢地完成了极致绽放，却又不吝于快速凋残的毁灭之外，樱花本身还有另外的特质，那就是虽然小，但是也一样盛开得有模有样，并不比牡丹、玫瑰、玉兰这种较大的花朵逊色。

　　最初笔者造访日本，去的都是本州的大城市，在前往东京、京都、大阪，乃至周边的奈良、名古屋之前，笔者其实是可以想象这些都市的繁华与现代化的。后来有机会造访了北海道，那里和本州的大城市相比，可以算是日本的大农村了，所以满眼里看到的不是大片肥沃土地之中偶尔闪过的村庄，就是葡萄酒窖和美

194

丽而孤独的海岬，甚至还路过了邓丽君歌中唱到过的襟裳岬，以及在此岸眺望即可见的北方四岛中的国后岛。从大城市倏忽而至大农村，使得我对日本的中小城市缺乏概念，好在 2018 年因参加在佐贺大学举办的一个国际学术会议而有了机会，笔者终于能够踏上了前往这个中等偏小城市的旅程，随后又在九州的熊本、长崎、福冈诸多中小城市间流连，算是填补了以往对日本认知中的部分空白。

小小的佐贺

说是中小城市，其实佐贺在历史上也不算特别缺少存在感，它曾是日本古代令制国之一的肥前国的半壁江山，而一度执掌藩主权力的大名龙造寺隆信也曾经和领导过日本的丰臣秀吉一样，一度风光无两，只是在量级上稍微差了一个层次而已。丰臣秀吉的历史难道不是稍大尺度的龙造寺隆信的历史吗？尤其是传位问题，丰臣家和龙造寺家都传给了儿子，但最后都是被家臣属下篡了位去——真真是一生辛苦为谁忙？却为人做嫁衣裳啊！

日本的每个小地方，其缘起、历史进程、风土人情和整个国家的发展脉络都大体相似，每个小地方的代表人物和国家的代表人物也具有较大的相似性。在一个过度强调集体主义的国家，一个人哪怕做到了顶尖，也依然是群体的一小部分，本质都还是小小的开落有序的樱花罢了。

所以，当来到佐贺的藩主所在旧址博物馆的时候，看到的是第十代藩主锅岛直正的铜像赫然树立在馆侧，而他家族之前的主人，曾经建立过不朽功勋的龙造寺隆信在这里却一丝踪影都找不见了，想来他在当地的历史记载上也就是一段不长的篇幅吧。

丰臣秀吉也一样，费气巴力地在形式上统一了日本，但是侵略朝鲜失败后不久病死，儿子丰臣秀赖政治手段和军事能力明显不及乃父，很快就发生了政权易手的事儿。曾是织田信长手下大名的德川家康取代了其地位并建立了新的幕府统治模式，一直持续到明治维新才告结束。

背叛与被背叛魔咒下之几度征战造辉煌

日本人是擅于审时度势的。当自己的主人强有力时，家臣或武士们就忠心耿耿，愿意为主人牺牲生命，人身依附关系非常紧密；但当主人的能力明显减弱时，下属忠诚的品质就会发生变化，甚至是在取而代之时，下属的内心也不大会有道德上的牵绊和困扰。佐贺以前的藩主龙造寺隆信就是一个典型的例证。他的家族首先背叛了自己的主人，而当他的家族由强而弱后，又被自己的家臣所背叛。小小的佐贺上演过太多的大大的戏码。你是樱花先绽放，我却还在花苞中；但随着时间的推移，你瞬间悄然凋谢，却恰遇我怒放灿烂。历史总是这样前仆而后继，新浪又把那旧浪来推，甚至把旧浪拍倒。

我们简单看一下龙造寺隆信的故事吧。

1529 年，龙造寺隆信出生在肥前国佐嘉城。16 岁时，他的祖父与父亲心怀不轨，图谋反对主君，失败后被杀。隆信跟随曾祖父逃往筑后国（现福冈南部），投靠了另外一个也算比较有名望的家族蒲池氏（如果我们一定要找个熟悉的譬喻，大约相当于刘备托身于曹操处）。次年，隆信的曾祖父在庇护人蒲池氏的帮助下再度举兵，这次很幸运地取得了胜利，龙造寺家族再度登上了政治舞台。随后 18 岁的隆信继承家业，一年后即成为肥前守护。在这个过程中，除了依赖蒲池氏家族，隆信还一直受到实力更强大的大名大内义隆的支持。

不幸的是，龙造寺家族的后台大内义隆和织田信长这类军事强人的命运都差不多，后者在"本能寺之变"被围后自杀，而大内义隆也在内讧过程中为家臣所杀，"以下犯上"的桥段重复上演。龙造寺自家也不例外，家臣土桥荣益就在第一时间依样学样，认真复制了自己老板对前任老板的不忠，趁机起事，逼得隆信再度逃往筑后国，第二次请求蒲池鉴盛支援。1553 年，隆信返回肥前，才正式确立了自己对家族的绝对控制权。

解决了内部的团结问题，又拥有了更强的能力和欲望，当然就要开始对外征战了。六年后，隆信进攻邻居少贰氏，逼使当家老板少贰冬尚自杀；又一年，攻灭了千叶胤赖，两年后确定了对东肥前的支配权。

一个军事强人的出现必然迫使其他弱势势力进行联合，这和三国时诸葛亮联吴拒曹的思路一致。看着隆信的强大，周围的有马氏（从名字推测，这家的祖上马应该不少）联合大村氏（大村就不是小村，也一定属于有一定实力的割据势力）主动向东肥前进攻；而龙造寺隆信则联合了另外一家千叶氏，最终将联军击破。

当然，也有看着隆信家地盘大财产多而眼馋的大名主动凑上来进攻的，又是几番和和战战之后，龙造寺家族最终在周边取得了绝对优势，尤其是在和势均力敌或者某种意义上还稍优于隆信势力的大友军作战而胜之（史称"今山合战"）之后，龙造寺家族更是如日中天。此时的隆信像不像三国时已经搞掉袁绍、张鲁、韩遂、马超后的曹操?!

除了军事能力之外，隆信的政治能力一点也不差。比如，他的母亲在老公死后，就下嫁给了家臣锅岛清房（锅岛直茂之父），老太太的做法像不像隋唐间的独孤皇后？而锅岛的眼光和拉拢技巧也算是相当娴熟了。有了这层关系设计，从某种意义上说，即便未来政权易手，从隆信他娘的角度看，继承政权的也还是自家人。而长期的战争中，锅岛直茂的名字开始慢慢为大家所知。这人类似于三国归晋前司马懿的角色，算是锅岛家族的先驱领袖人物。

再从日本全国范围看，丰臣秀吉在统一日本的过程中也做过类似的事情。当时德川家康有点不服管理，丰臣秀吉就把自己妹妹嫁了过去，没想到力度还不够，效果也就不够彰显，丰臣秀吉干脆把自己的亲娘作为人质送到了德川家康那里，终于使得家康俯首称臣，日本的统一才算有了大模样。政治手腕和军事实力相比，只依赖于前者还是不太行，所以丰臣秀吉对日本，隆信对肥前的统一更多是形式意义上的，内里矛盾其实潜藏了不少，后面的历史事实也证明了这一点。

1573 年，隆信平定西肥前；再两年，平定北肥前；一年后，进攻南肥前并于次年拿下。加起来用了六年的时间，整个肥前国终于成为龙造寺家族的"产业"。隆信再接再厉，不久又攻下筑后、东筑前，以及丰前的一部分及肥后北部。最后，九州岛上九个国中的五个有了隆信家的势力，他也赢来了"五州二岛"（肥前国、肥后国、丰前国、筑前国、筑后国；马岛、壹岐岛）太守的称号，绰号"肥前之熊"，厉害吧！

背叛与被背叛魔咒下之历史又曾饶过谁

出于感恩，隆信将自家女儿嫁给了自己家族受难时两次提供了巨大帮助的蒲池家。但时移世易，当隆信真正取得了优势后，就开始得陇望蜀，眼馋起女婿蒲池镇涟的地盘了。于是隆信在 1580 年悍然率兵攻打女婿所在的柳川城，但最终并未成功，后在镇涟的伯父与自己手下的斡旋下达成了停战和议。

但是，既然动了这个心，再平静下来就难了。第二年，隆信假意邀请女婿到家做客，其实摆的是鸿门宴，而这个倒霉女婿并没有张良和樊哙们保护，终于被老丈人取了小命。随后隆信将蒲池家灭族，把"恩将仇报"这个词的涵义发挥到了极致。

对对自家有恩的女婿家族都能如此不客气，对原本就是主动和亲娶到家的儿媳妇家族显然也要同等操作一番。隆信的儿媳妇（龙造寺政家的正室）是曾经一度和隆信打过架的有马晴信的妹妹。亲家的势力范围在肥后国的北部，一直是腋肘之患，之前联姻也是无奈之举。当有能力改变这一状况的时候，当然就要用战争来彻底解决地盘问题了。一次作战双方势均力敌，就暂时达成了和约；仅仅过了不到一年战事重开，结局就不可想象了。此时的龙造寺隆信保养得太好了，甚至胖到无法骑马，只能坐轿指挥战斗的程度。战事过程不赘，这方的首领隆信不幸被敌方发现，出现了"曹操战马超"的经典一幕，但已变肥胖的隆信却不会曹孟德的"割须弃袍"之术，终于当场殒命于战阵，享年56岁。

对亲家都能做出这等不上台面的行为，下属肯定人人自危，所以就在作战前，他手下四天王之一的百武贤兼就开始动摇，其他人也噤若寒蝉，早就埋下了龙造寺家族灭亡的祸根。在利益当前时完全枉顾道德约束，终于结下了恶果。

没了老爹又体弱多病的政家那两下子和丰臣秀赖也差不多，大约相当于三国时魏国曹睿、蜀汉刘禅、吴国孙皓的水平，加之当时位居中央的丰臣秀吉有意换将，已经羽翼丰满的家臣锅岛氏终于图穷匕见，终取而代之，成为新的佐贺藩主。以后佐贺的历史就和龙造寺一家再无关系了。而丰臣秀吉做这番安排的时候一定没有想到自己和儿子的命运一模一样地复制了这一切，政权拱手让给了德川家康，成就了后者近300年的基业。

小苔米的大能量

和中国的三国时期一样，日本在确立幕府制度前，风云际会，人才辈出。"城头变幻大王旗"。名人、名将出了不少，政治制度也在不断调整，武士阶层四处寻找可以追随的主人，以取得荣耀与功勋。但是，在社会动荡时期，各方面的制度都是不完善的，包括武士们作死的"生殉"制度。当时，一旦幕府将军、大名等有身份的人死去，下面追随的武士有些就会选择生殉，自杀随主人而去，因为自杀往往象征了勇敢和忠诚，所以这一做法居然一度蔚然成风，停不下来。即便大家都知道这是不人道的，但形势逼人，不跟着自杀就很没面子，甚至后代无法在未来立足于世，也就只能咬牙硬上了。

当然，在同是东北亚国家的中国，古代也有"生殉"的做法。比如宫女太监给皇帝皇后殉葬之事就不少，上有所为，下必效焉。皇家如此做事也引得大家族纷纷效仿，《红楼梦》里的丫鬟鸳鸯就主动为贾母殉葬。

美国人撰写的《日本史（1600—2000）》一书对此也很有兴趣，甚至推测在主人和身殉的武士之间可能存在同性恋情，否则，从西方人的视角很难理解日本人自杀殉主的做法。其实东方人和西方人的文化形成机制有很大的不同，这导致了东西方各自行为的不同。

在中国，生殉这一制度性安排据说直到明英宗那里才算正式废止，英宗就是在太监王振影响下经历了土木堡之变被俘后又返回北京重新执掌政权的倒霉鬼。作为一生都没什么大作为，反而做了不少糟心事儿的皇帝，英宗在这一问题上倒是做了一件非常符合人性的改革，为此很值得后人纪念。

锅岛家族在当上藩主之后，率先实行了主人死后武士不必以身相殉的政策。当时的德川家族也在审视这种惨烈的行为，随后也进行了制度变革，不过从时间上说，锅岛家的做法确实更早一点。

从某种意义上说，日本各地存在着"一朵忽先变，百花皆后香"的传递效应。政权的变化与春天樱花从南到北移动，梯次灿烂，并且也接续凋零的规律大体相似。所以，当时以天皇、幕府和大名为主体的制度建构，以及佐贺一地出现的锅岛取代龙造寺的具体行为，看上去关联不大，内里却相互影响，最终从客观上终结了社会动荡。人们不必再打打杀杀，顶多面临些自然灾害的考验，从而可以在稳定的环境里生产稼穑，日出而作，日落而息。这一点从很久以后的现代的视角来看，倒是非常值得认可和赞赏的。随着19世纪荷兰和美国的坚船利炮进入九州岛（包括长崎和佐贺），进而影响到时称江户的东京后，日本终于进入了一个融入世界潮流的新时代。

回顾历史，小小的佐贺在整个日本不过是一个苔米般不值一提的存在，却也曾在自己的领域范围内拼命灿烂过，甚至能在废除生殉制度上引领日本之先河，然后又如樱花般毫无遗憾地悄悄凋落。今天的佐贺，依然静静地在九州岛上以一个安静的小城市的面貌呼吸着，存在着。不管你念与不念，来与不来，佐贺依然在那里。这大概就是佐贺之小，樱花之小的精神所在吧？

一城烽火，满纸才情：松山城和松山人

　　松山这个名字引起更多人关注，不是源于其代表性建筑松山城，而是通过日本 NHK 电视台一部从 2009 年 11 月 29 日开始播放，断断续续一直到 2011 年终于告一段落的 13 集历史题材电视剧《坂上之云》。当然，如果再追本溯源的话，我们会寻到司马辽太郎的同名长篇历史小说（日语中叫大河小说）《坂上之云》。

　　无论是军事意义还是政治意义，城堡之于统治的重要性，在大多数国家都是毋庸多言的。在日本的历史发展过程中，也同样留下了大大小小、建筑结构和风格各异的各类城堡。回顾中国，或直接或间接写城的诗句也随处可见。如唐朝诗人岑参在《送郭乂杂言》中就描绘出了"朝歌城边柳嚲地，邯郸道上花扑人"的朝歌城的繁盛景象，而刘禹锡在《石头城》里却是一开笔就用"山围故国周遭在，潮打空城寂寞回"营造出了一种极为荒凉落败的氛围：而历经六代奢靡之后，已经废弃的金陵城却早已是繁华不再，让人犹生感慨。

　　《坂上之云》中的一张主打剧照就是书中的主人公秋山兄弟和正冈子规或坐或站，背后则是松山城代表性的独特斜面石墙。如果说松山因为出了一个俳句革新家正冈子规而被冠以"俳都"称号，并成为松山的骄傲的话，松山城作为日本百座名城，现存 12 天守，100 处美丽的日本历史风土之一，三大平山城之一的历史价值和建筑价值则让松山的厚重感又添了几分。一座城，几个人，撑起了四国松山的一段历史，也营造出了"俳都松山"浓浓的文学风情。

松山城中松平氏：加藤嘉明拂尘去

日本的战国时期（1467—1615 年）和江户时期（1603—1867年）是人们最热衷于建城的两个时期，而其中战国的庆长年间更是将建城热潮推向了一个新高峰。松山城的建造也是这一热潮的产物。庆长六年（1601 年）获批建城；庆长七年（1602 年）开工；庆长八年（1603 年）10 月，建造者加藤嘉明将自己的居所从正木城迁移到新城下，从此，松山的名字才被日本人所得知。松山城作为四国名城，同时也是日本为数不多的保存完整的城郭建筑，与姬路城、和歌山城并列成为保存至今的三大连立式平山城的典型代表。

从松山最热闹的大街道一路向北，步行五六分钟就走到了松山城坐缆车的东云登山口。登山口的标识极其低调，以至于差一点因为忙于看路边爱媛县土特产商店而错过。乘坐单人小椅子的悬空缆车算是一个比较独特的感受，人坐下来后，竟然没有任何围挡的东西，随着缆车上升，心里确实还是有些不安感的。

下了缆车，首先映入眼帘的关于松山城的介绍就是摘自司马

辽太郎的《坂上之云》（文艺春秋刊）单行本第一卷，插图则选
了下高原健二的手绘第 30 回，由此可见，《坂上之云》之于松山
城宣传之重大意义。

松山城（まつやまじょう）的规模虽然不及日本第一城姬路
城，但是也还是非常壮观的，尤其是一堵堵高大而独特的斜面石
墙，更是引人注目。进入松山城的最核心部分——本丸，一路欣
赏着松山城的户无门、筒井门、隐门的不同构造，又峰回路转地
看到了弹药土墙仓库遗址、东边石墙、紫竹门、西北箭楼、野原
箭楼，然后就开始进入望楼建筑群，即本坛，看到了本丸望楼和
位于本坛东北角的天神箭楼，然后是本丸北边的仕切门，本丸西
边的内门、地窖等等。

一路下山后，兜兜转转走到大路上来，才发现来时居然没有
看到就立在路边的松山城初代城主加藤嘉明（Kato Yoshiaki）的
骑马雕像。雕像中的加藤嘉明煞是威风，旁边黑底白字的白字上
大大写着"加藤嘉明公骑马像"。

作为初代城主，加藤嘉明对于松山城的建造立下了汗马功劳。
而且他从庆长八年开始迁至松山城居住，亲自指挥了松山城的早
期筑城工作，在位时间长达 25 年，一直到宽永四年被转封到了会
津。接他班的，是从羽国山城（山形）被转封过来的，叫蒲生忠

知，是伊势松阪城主，也是织田信长的女婿——蒲生氏乡的孙子。蒲生忠知在松山城的七年时间里，完成了二知丸的建设，但却病逝京都，膝下也并无子嗣可以继位。

从此，松山城就开始了由松平家族掌管的 200 多年的统治时期。松平家族的第一位松山城主叫做松平定行，当时他本是伊势国（三重县）桑名城主，于宽永十二年（1635 年）12 月，被转封到松山城，将原来预计建五重的天守改为三重。这位松平定行来头更大，是德川家康的同母异父弟弟松平定胜的儿子。从此，从松平定行开始，一直到最后一任，且松平家族中唯一一个当过两任松山城主的松平胜成，共计 15 任松平家族的人把持了松山城。

再次回顾松山城主交替，不由感慨世袭制之力量强大。虽然初任城主加藤嘉明在任 25 年，为松山城的建造立下了汗马功劳，但最终还是转封他地，客走他乡，和后面的松平家族不可同日而语。当然，加藤嘉明之所以能够被委以重任，大概也是因为他在庆长五年（1600 年）跟随德川家康在关原之战中立下赫赫战功的原因。外人，终究是外人啊！

旧貌新颜汤筑城：伊佐庭如矢的坚持

大部分旅游资讯里在介绍松山时，因了夏目漱石的著名小说

《少爷》的缘故，主打的推介项目一定是道后公园，却很少言及
汤筑城。笔者也是在寻访到道后公园入口处时，才发现一块牌子
上居然上同时写着两个名字，一个是"道后公园"，而另一个则
是"汤筑城迹"，心里还有些不解。等拿到介绍的小册子时才发
现，小册子的封面上也并排竖版印着这两个名字，只是"汤筑城
迹"的字，足足比"道后公园"的字大了两倍之多。而册子的底
端，则同时印着"日本 100 名城"和"日本的历史公园 100 选"
两个荣誉称号。

　　进到公园里面后才发现，这座由名门河野氏家族修建于 14 世
纪前半期的汤筑城，仅仅保留下护城河和一些石堆在那里，当年
的威风已经无处可寻了。只有在脑子里任由想象来构建当年室町
时代担任伊予国守护职的河野氏的城池遗址是如何发挥着当时伊
予国政治中心地位的。当然，旁边的史料馆里，有复原模型，也
有资料可寻，但实实在在用眼睛看到，用手摸得到的感觉已经难
寻踪迹了。正所谓是"孤城上与白云齐，万古荒凉楚水西"啊。

　　也许，汤筑城的残垣断壁能留在这里提醒人们河野氏的雄风，
从某种意义上来说，要感谢当年提出要重建道后公园，重建道后
温泉本馆的道后町初位町长伊佐庭如矢的坚持。伊佐庭如矢是明
治二十三年道后初代町长，明治三十五年期满卸任。平成七年

（1995 年）5 月，松山市政府也在松山为他立了塑像，伊佐尔波神社中有伊佐庭如矢翁生诞碑。当年的伊佐庭如矢确实是下了大决心，花了大力气，请名工巧匠，发誓"要建造出一座即使过了100 年也没人能够模仿的建筑物"来。

坂上之云颂友情

《坂上之云》被改编成电视剧以后，引起了很是不小的反响，也获了几个奖项，什么第 38 届广播电视文化基金奖，第六届东京国际电视剧节团队特别奖等等，从此也就成为了为松山市代言的象征和符号。自然，剧中的主人公，都是松山土著出身的秋山兄弟与正冈子规的故事也成为了松山的佳话。

秋山好古为日本陆军大将，人称日军"骑兵之父"，在 1905 年日俄战争中立下赫赫战功。秋山真之是日军海军总参谋，也是秋山好古的亲弟弟。而正冈子规则是日本俳句革新的主要倡导者和推动者。

杜甫曾经所批判的"君不见管鲍贫时交，此道今人弃如土"的情形并没有在正冈子规的生命中出现，倒是他和几个好朋友的友情却都是始于学生时代的贫时交的典范。提到和松山有关系的朋友，不得不重点提秋山真之了。

秋山真之比正冈子规小一岁，从小就和正冈子规一起玩耍、学习。如果我们不理解秋山真之一个军人，怎么会跟文人正冈子规保持一生的深厚友谊的话，其实只要去多了解一下秋山真之这个人本身，疑问就迎头而解了。其实，做军人是家境贫寒的秋山真之在哥哥的引领下不得不走的一条路，而本质上的秋山真之，却一直是个不折不扣的文人。

日本海军元帅东乡平八郎用"秋山智如潮涌"来赞誉秋山真之，就连戴季陶在《日本论》中也将秋山真之评价为"神机妙算的军师"，对他的军事智慧给予了高度评价。

被人津津乐道的展示秋山真之文采的例子发生在 1905 年 5 月 7 日日本海海战时，秋山发回大本营的关于天气情况的电报为"天晴波浪高"，秋山的文学素养瞬间传遍整个舰队，得到了高度评价。日本海海战胜利后，联合舰队解散时，东乡平八郎的训示也是出自秋山真之之手，美国总统罗斯福受到感动，派人译为英语，分发到美国海军各单位，由此得到了"秋山文学"之美誉，并被引入西点军校作为教材。

日本人有这么一句话："日俄战争要去了儿玉源太郎的肉体，要去了秋山真之的精神"，由此可见秋山真之的重要性。秋山真之死后，日本政府在海军大学校兵棋推演室的门口，树立了他的半身铜像。旁边是正冈子规的坐像。手中一根棒球棒，戴着学生帽，显然是他学生时期的样子。好友情深也在这座雕塑中表现得淋漓尽致。

而另一个对松山有着极为重要影响的过客就是文豪夏目漱石了。夏目漱石和正冈子规、秋山好古三人同是预科班同学。夏目漱石仅仅在松山生活了一年的时间。和他在熊本生活了四年多，留下了六处故居相比，时间非常短暂，但他给松山带来的名气却要比熊本大得多。道后温泉和少爷小火车等一系列松山旅游名片，使得松山这座城市因正冈子规而成了俳句的代名词之外，又添加了小说这一元素。

你我皆过客

从护国寺——义安寺出来，顺着大大的路牌，就找到了名头非常大的伊佐尔波神社。当爬台阶爬到几乎想放弃时，也总算爬了上去，终于得以一览这个道后七郡总镇守的威严。伊佐尔波神社又被称为"汤月八藩""道后八藩"，是日本现存三处的所谓"八藩造"之一，建筑设计意义重大，被指定为国家重要文化遗产。伊佐尔波神社始建于日本平安时期，最早是在仲哀天皇和神功皇后在道后的行宫基础上改建而成的，因此神庙中供奉的主要就是仲哀天皇（足仲彦尊）、神宫皇后（气长足姬），以及他们的儿子应神天皇（誉田别尊），此外还有三柱姬大神（宗像三女神）。

现在成为松山城重要景观之一的伊佐尔波神社其实与松山并没有什么太多的直接关系，只是曾经的天皇行宫。虽说后期第三代藩主松平定长曾经花重金加以扩建，但也不过是将神社的规模扩大了而已。

其实换个角度来看伊佐尔波神社与松山的关系，个人觉得倒是跟夏目漱石与松山的关系有颇为类似的地方。夏目漱石只在松山短短居住过一年的时间，却为松山带来了后世万代的旅游宣传效应。与松山无关，却又一定程度上成为松山的代名词。

但是生于斯长于斯的秋山兄弟，去世后却又与故乡融合得那么不露痕迹。看地图知道在道后村鹭谷墓地里有松山好古的墓，所以前去寻访。可是在那个小小的墓地里跟着指示牌转了一圈儿都没找到后，颇感意外。不甘心之下，再一次从头找起，本来一直是更多地关注着那些规模大些，看上去排场些的墓碑找的，结果最终找到时才发现，原来秋山好古的墓是如此不起眼，甚至远远比旁边很多普通人的墓更容易被人忽略。墓前小小的石碑上写着"秋山好古墓"，墓碑前放着两束花，有水，有烧香的小碗，看来是有人来祭奠过。左边高大许多的石碑上写着"永仰遗光"，仅此而已。

不管是本地人还是外乡来客，不管是文学巨匠还是军事天才，在仍然巍然屹立的松山城下，不过是流水般的过客而已。这，也许才正是日本人一贯心态的写真。来，则轰轰烈烈地来；去，悄无声息地去。

长崎是一个充满忧伤的城市。

因为长崎这个名字是伴随着美国在广岛投下第一颗原子弹"小男孩"，又在长崎投下第二颗原子弹"胖子"之后，和广岛一起被世人所知。曾经的美丽小城刹那间几乎被夷为平地，20 多万人口中当天就有 7 万多人死亡。十年后，长崎市政府建立了和平纪念像来抒发人们对和平的向往，对生命的珍惜之情。到今天，和平广场、和平纪念像、原爆纪念馆都成为前往长崎的游客必去的地方。70 多年过去了，浦上天主堂当年爆炸的痕迹依然深深地留在那里，原爆纪念馆中留存下来的被烧焦了一角的衣服，焦化得似乎一碰就会碎掉的帽子，变了形的饭盒，一样一样都在将我们拉回对于当年那个惨烈瞬间的想象和心灵的沉重中。而展馆中从原爆现场移来的焦黑的神像仍然无声地矗立在那里……

长崎是一个开放、活跃，又充满异域风情的城市。

1571 年开港的长崎，作为历史上很早就与其他国家进行贸易往来的港口，同时作为 200 年间奉行闭关锁国政策的日本唯一的一座国际贸易港，与当时的中国、葡萄牙、荷兰、朝鲜等国家都在进行着活跃的往来。因此，我们在长崎可以看到《蝴蝶夫人》故事发生的背景地——哥拉巴公园里的西式建筑，可以看到日本 26 圣殉教者堂附近典型的西班牙高迪风格的充满视觉冲击力和诡异又充满魅力的建筑。我们在长崎也可以看到中国人所熟悉的寺庙，有日本三大中华街之一——新地中华街，有明朝僧人修建的四大唐寺——崇福寺、兴福寺、圣福寺和福济寺，还有 1634 年中国僧侣如定设计的双孔石拱桥——眼镜桥。此外，长崎的很多饮食习惯、节日等都源于中国。

今天，穿越所有的繁盛和毁坏后又重新散发出新活力的长崎，再一次用它独特的圆形剧场包围着大海的地理结构，用它那一直蜿蜒延续，修建到山顶的民屋的风格，烘托出了长崎犹如舞台效果的美轮美奂，引人入胜。如果说得更准确一点，当笔者伫立在夜空下的长崎的土地上时，是长崎稻佐山夜晚的那星星点点的灯光，在刹那间让笔者的心开始颤抖，如同有微弱电流从心脏穿过一样。难怪长崎稻佐山的夜景会被评为世界新三大夜景之一呢。美得温柔，美得震撼，美得令人心碎。这，大概就是长崎之夜的迷人之处吧。

温柔的璀璨之光——打动系

似乎所有的夜景之美都在于其灯光之闪烁和璀璨，可是一旦离开当地，甚至在当时闭上眼睛，那所有的繁华似乎就会变成一种假象，瞬间大脑里竟然回忆不出来大概一秒钟之前还在用眼睛使劲捕捉的那些点点光源。于是，每当观夜景时，觉得眼睛记不住那瞬间的灿烂，就拼命想用相机来捕捉，想要强行记下那瞬间惊艳了视网膜的光与影的天作之合的幻像。但过后回看照片时才发现，我们这些非专业摄影人士随便拍下来的照片里，竟然无法再现当时美的千万分之一，于是悻悻地，觉得夜景也无非是些灯光吧。

　　但长崎稻佐山的夜景，却在登上观景台往下看的第一眼时心就被俘获。那一刹那，甚至听到了自己心跳的声音。周围嬉闹的人群，似乎瞬间都不再是真实的存在，人就被定格在了那里，时间和空间在头脑里也不再有意义。

　　不想描绘稻佐山的夜景究竟是怎样在远山和近海的层次中发散出的神奇光芒，因为生怕自己笨拙的语言怎么描述都会偏离想要表达的那个样子，生怕语言一被说出就已然是错错错，但又是那么想让你也感同身受，眼前能浮现出泛着光芒的水的尽头，半山腰闪烁着的那些房屋和光辉。高高低低，层层叠叠，远远近近，一闪一闪的光啊，就这样璀璨着，闪耀着，迷离着。或许是因了海的波光灵动，越过海面的灯光啊，竟然就变得温柔起来，犹如姑娘那一低头传递出来的不胜娇羞。

　　不是不承认，夜晚的灯光会这样击中心脏，而且是如此强烈的感觉，于自己，在长崎的稻佐山，是人生中的第一次。当时一下子想起了韩国歌手白智英前几年的一首流行爱情歌曲《像中枪一样》。以前每次哼唱的时候其实都是不走心地唱词而已，"像中了枪一样，完全失神落魄，只有笑容浮现，就那样笑着，笑着，就那样筋疲力尽又空虚地笑着……不知道什么时候，我自己都不知道，眼泪流了下来……"直到站在稻佐山的夜景观景台上往下看的那一瞬间，才突然意识到，当时自己真的像中了枪一样，身体似乎无法挪动哪怕一点点，嘴边浮起微笑，但眼里甚至都有点不知是喜悦还是感动的点点泪光闪烁。神思恍惚的同时，却又很清醒地知道，不想走，再看一眼，把那个夜晚带来更多的冲击再完好地在记忆里保留得多一点，再多一点。

两个词瞬间出现在笔者的头脑中——璀璨，温柔。原来，更有力量，更能触动心灵的从来不是华丽且强有力的东西，而是那不出声音流淌着的默默的温柔。满眼的远山上的点点灯光的交汇和闪耀，似乎像是投影到了心上，是这种美，美得让人承受不住吗？那个笑着却又想要流眼泪的瞬间，心脏，真的像歌词里唱的那样，心脏上好像出现了一个洞，有什么东西在顺着那个洞口向外流走。即便拼命想要捂住，但那东西却像极了从手指缝间滑出的流沙，越是用力，却越是阻挡不住它流走的脚步。

暂时拥有，却又在眼睁睁看着它流走。

长崎的夜啊，就这样打动了人。

温暖的心灵抚慰——治愈系

就那样呆呆地站在那里，眼睛一动不动地盯着对面烟火般绚丽的灯光。起初情绪的剧烈起伏稍稍有了些许平静，慢慢的，心灵竟然开始有了点点温度升腾起来的感觉。

和大部分登高封闭式观夜景最大的不同是，稻佐山的观景台是开放式的。尽管在山下时，走路走得满头大汗，但是山顶上刮得呼呼的风，一会儿就让人开始感觉到冷。尽管感到冷，可是眼睛，仍然不舍得离开作为背景的远山和"鹤之港"的长崎港，更不舍得离开那闪耀着的、似乎充满了神奇力量的、变换着各种奇妙的颜色组合的点点光芒。

脑子里似乎已经忘记了世俗中的一切，只是一直在想，远处在怀拥着长崎港的一直盘旋到半山腰的房屋建筑里，星星点点的灯光的背后，那么多扇窗户里究竟在上演着多少各种各样的家庭剧场面啊，忧伤的，亦或是平静的？欢乐的，亦或是无奈的？只有站在长崎的土地上，看着远处的山的轮廓，听着近处的海的声音，才不由发出感慨：石黑一雄的《远山淡影》中静静溢出的那种绝望却又对生活和未来充满渴望的气息果真是只有在长崎这座充满了温情却又因原爆和战争变得满目疮痍的城市中才能产生的啊！移居英国的悦子看似平静，但实际上对女儿景子的自杀始终无法释怀，可她又无法真的承认是自己的懦弱，甚至是在自己的暗暗鼓励下才导致了女儿景子的自杀。另一对母女佐知子和万里子的时而奇异，时而刻意表现得正常的行为更像是悦子和景子的一种再现或者投射。小说中充斥着的诡异气氛，如幽灵般飘荡在作者努力描绘着的正常世界中，似乎在昭示着伤害和治愈之间的关系。

当灾难来临时，我们害怕，我们逃避，我们自欺欺人地想要忘记那些刻在心灵上的伤痕，所以我们需要借口，需要谎言，需要掩饰，也需要伪装，甚至还需要周围人陪我们一起演戏，好让我们自己也相信，我们自己编造的所有情节确实是真实的，我们无需内疚和自责。

其实真正能够治愈我们心灵上的伤痕的，只有时间。而让人忘记了时间存在的稻佐山上的长崎夜景啊，看着看着，真的可以让人开始变得平静。因为山峦不会改变，大海不会改变，而照亮这些黑暗的明亮而美丽的橘黄色的灯光，则会汇聚出让人平静而温暖的气息来。

柔和的灯光是最温暖的灯光，长崎的灯光就是这样。

温和的长长思绪——怀想系

长崎是一个美丽的城市，更是一个离开后还会让人念念不忘，时时想起的城市。

　　短短几天的游览后，离开了长崎，随着记忆的逐渐淡忘，具体的景色在记忆里开始变得模糊，但印在头脑里的稻佐山上看到的映在海面上的灯光，却反而随着时间的推移在脑海中变得更为清晰和印象深刻了。

　　在笔者之一迄今为止过得还不算长的人生中，以年为单位较为长期生活过的那些城市里，有两座城市都是紧紧靠着海的，一座是厦门，一座是仁川。厦门夜晚的海留在记忆里的场景总是拍打着沙滩的海浪的声音，热浪中迎着海风感受一点凉爽，想要让大海的博大带走所有疲惫和酷暑烦躁的心情，记忆中夜晚海的颜色，总是黑黢黢的。仁川的夜晚的海似乎陌生了些。毕竟不像厦门的海离自己那么近，近到大海和自己住的学生宿舍直线距离也不过一二百米而已。仁川的夜晚的海是更为阳刚和冷硬的，似乎总是在传递着它的沉默和刚毅。

　　那晚在稻佐山上看到的长崎的夜晚的海，和厦门之夜的海，仁川之夜的海显然是不同的，但在带给人的某些特定感受上，却似乎有着千丝万缕的联系和相似之处。在夜晚，厦门的海是苍劲有力的，仁川的海是冷峻粗狂的，而长崎的海，则是平静而充满诗意的。远山环绕下的灯光包围着的长崎的海，蓦然就平添了那么浓厚的柔美的气息，如同圆形剧场般的灯光组合，又为海面添加了无穷多的神秘和梦幻的风情万种。

就这样，看着着如幻影流光一样海面的人，也在不知不觉中，在沉默中任由思绪飘摇出去，顺着大海飘啊飘，时而稍稍激荡，时而静静顺波而流。心里会想起多年前某个时刻的某个人，也会蓦然闪过一个画面，一本小说，一句歌词，一种情绪……

长崎的美轮美奂的夜啊，就这么静静地，陪伴着我们的怀念，长了翅膀，不停地飞啊飞。

最是平和，最是厚重

不知道算不算曾经跋山涉水，只知道，飞过高空，越过海洋，却总是像浮萍一样，在这座城市，那座城市里游离，而我自己，似乎也还享受这种飘荡的状态。我一直都不是一个烟火气息重的人，从不贪恋每日生活中的具体东西，因为总感觉哪一天，我也许就会从现在的生活空间里突然逃离，不留痕迹。

悟不透，意难平时，也会想要问天问自己。寻找答案，从具象的到相对抽象的，从操作执行的层面到理解思考的层面，因为无知，所以去探索，因为探索了，所以感觉到自己更无知。

这时，看着夜空，想象浩瀚无边的黑暗夜空中，将会有着何其多的可能性和故事？那闪烁着的星星啊，当然是夜的象征。

温柔、温暖、温和的长崎的夜晚啊，璀璨，平静。如同银河落下，如同心间万千情绪升起；曾经无限悲怆，却也不忘整理好衣角，让脸上露出笑容。

哥拉巴花园之遗存

在日本港口城市长崎的南山手之丘，有一片西式建筑群。园中繁花似锦，浪漫怡人，还可将长崎港尽收眼底，景色绝佳，这正是远近闻名的哥拉巴花园。到此游览的有不少外国游客，不仅是为了一睹日本最古老的木造洋馆，还有很多是慕"蝴蝶夫人"之名前来的。

哥拉巴花园始建于 1864 年，既然是建筑群，那么就不止一处宅院，园中有多栋古老的洋房，不过哥拉巴宅邸是历史最悠久的。花园早在 1939 年被三菱船运公司买下，1957 年被捐献给了市政府。随后长崎市以哥拉巴故居、林格故居、奥尔特故居为中心，重新移筑复原了分布在市区六处从德川时代末期到明治时代修建的西式建筑，作为公园对外开放，后来还将其列入了"国家重要文化遗产"，这才有了我们今日所见的哥拉巴花园。

1864 年，正是我国清末太平天国运动失败之际，天京陷落，洪秀全病倒，农民起义没救得了中国。这一年也是美国南北战争之时，北方军一路南下，格兰特将军将敌军逼退到叛乱"首都"里士满，一时英勇无两。而 1864 年的日本，正处于明治维新的前夜，转型的十字路口，距离日本开国过去了十年，幕府到了分崩离析的边缘，蒸汽锅炉、步枪、火药随着西方人的船只源源不断输送进日本，同这些一起来的是一群白皮肤、蓝眼睛的商人，其中就有一个名叫哥拉巴（Glover）的青年。

哥拉巴于 1838 年生于苏格兰的阿伯丁郡，1859 年，受怡和公司（Jardine Matheson）的聘用到长崎工作。1861 年，哥拉巴开办贸易公司，往返于上海和长崎之间，买卖茶叶、丝绸、军火及鸦片。他不仅走私货物，还帮助"走私"长州五杰去英国留学，这长州五杰分别是：伊藤博文、山尾佣三、井上胜、井上馨，和远藤谨助。大部分人熟悉伊藤博文，他就是和李鸿章签订《马关条约》的日本政治家。其余四人中，井上馨是明治时期的金融、外交大臣，参与签订日朝合约；山尾佣三创建了帝国大学工学院、美术学院等；远藤谨助建立了造币厂，而井上胜则是日本铁路之父。这些日本近代化历程中举足轻重的人物，都曾与哥拉巴产生过关联，而哥拉巴本人也独具眼光和谋略，1865 年哥拉巴为日本引进了第一辆蒸汽机车，建造了日本第一个现代船坞，订购日本海军早期的旗舰"龙骧号"。他还曾参与管理日本最早的现代化煤矿，被天皇授予二等功勋奖章，也因此成为日本最有名的外国商人。

在通过走私获得巨额财富后，哥拉巴在长崎港南山建造了一座住宅。这座住宅完全按照他的个人意愿修建，是木造西式庭院，最初用来待客，包括主屋和附属屋。主屋有会客室、客房和

卧室。为了减少高温潮湿和强烈光照，住宅的庇很宽，下方建成
走廊，走廊上的柱子是蓝色的，柱子之间加入拱形设计，拱心石
清晰可见。屋子外面的墙壁是灰色的，叫作鼠色灰，是江户时代
之后民宅常用的颜色。整个建筑没有玄关，走过外面环绕的走
廊，再通过附有百叶门的双扇玻璃门就可进入房间，门上是扇
形的开窗，典型的欧洲特色。屋内的陈设摆放也是西式风格。
建成数年后，哥拉巴将房屋扩建，增设了餐厅、起居室和温
室，整个建筑呈现出三叶草的形状向三个方向突出。加盖餐厅
时，哥拉巴已经和幕府统治末期的仁人志士有所往来，因此餐
厅包括中二阶，也就是在顶部加了暗室，通过夫人室旁边走廊
天花板的一个隐蔽的入口可以通向暗室。暗室有两间，志士们
在此藏身、密谈、躲避搜查。明治时代中期也就是 1887 年前
后，众多幕末志士们频繁出入哥拉巴住宅，据说当时坂本龙马
也曾藏身于此。

　　除了这些作为文物的西洋风格的建筑，哥拉巴花园中还有
很多人物塑像，其中最有名的是"蝴蝶夫人"三浦环的塑像。
《蝴蝶夫人》是意大利歌剧作曲家普契尼的代表作，而三浦环
是日本明治时期的女高音歌唱家，也是众多出演蝴蝶夫人的女
高音中最知名的一位。她在欧美演出《蝴蝶夫人》20 年间获

得了经久不衰的赞誉，是日本人心目中当之无愧的国际歌唱家。"蝴蝶夫人"成就了三浦环，而"蝴蝶夫人"与哥拉巴也有着不解之缘。

普契尼的歌剧《蝴蝶夫人》实际上是从美国著名剧作家贝拉斯科的同名独幕剧改编而来的，普契尼在 1900 年的春天观赏了这一独幕剧后甚为震撼，之后不久便创作了同名歌剧，使《蝴蝶夫人》成为西方歌剧史上的经典。故事讲述的是 19 世纪末的长崎有一位驻防日本的美国军官平克顿，抱着玩弄的态度在当地与一名日本艺妓巧巧桑（蝴蝶夫人）结婚，天真纯朴的巧巧桑以为自己找到了值得托付终身的良人。平克顿后来因为移防回到了美国，巧巧桑在日本苦苦等待并抚养他们的孩子长大。三年的等待最终换来了平克顿与他的美国妻子共同出现，这时平克顿打算带走巧巧桑身边的孩子，伤心欲绝的巧巧桑只得在绝望中自尽身亡。据说这美国军官平克顿的原型就是哥拉巴。

哥拉巴在明治维新的历史潮流中推波助澜，在商界风生水起之时遇到过一位日本女子鹤，两人的爱情故事有多种传说。有一种说法是哥拉巴的这位日本妻子鹤之前曾嫁给一名日本武士，在德川幕府被推翻的过程中，鹤被迫和武士丈夫分开。后来遇到哥拉巴后，两人相爱结婚并育有一儿一女。又有传说他们的儿子仓场富三郎的亲生母亲其实名叫加贺真希，加贺真希应该是长崎当地的艺妓，她和哥拉巴属于真心相爱还是逢场作戏就不得而知了，他们的儿子富三郎在六岁时离开母亲，回到父亲哥拉巴身边接受西方教育。富三郎早年进入长崎的教会学校学习，后来在 1890 年进入美国宾夕法尼亚大学。1893 年他回到日本后从事贸易工作，也积极参加长崎国际俱乐部的活动，社交广泛，他还曾被邀请参加英国国王乔治六世的加冕典礼。1945 年 8 月 9 日，原子弹在长崎爆炸，富三郎的居所被炸毁。六天后，日本天皇宣布投降。8 月 26 日，富三郎和他的狗一起被发现死在破损的房间里，他在勒死自己的狗后，面朝海港，上吊自杀。

相比父亲哥拉巴，仓场富三郎一生的遭遇更让人叹惋，结局也更加凄惨。不过在日本人的心目中，富三郎的地位仍然不及他父亲十分之一。为日本近代化做出巨大贡献的哥拉巴，他的价值远非一座花园可比拟。哥拉巴花园不过是他在长崎留下的雪泥鸿爪，多少个躲避搜查、慷慨激昂的夜晚，还有与蝴蝶夫人卿卿我我、花前月下的日子，也早已消散在历史的烟云中，却很难有人做这样的统计——哥拉巴为近代日本带来的资产究竟价值多少？《蝴蝶夫人》在全世界演出创造的观众究竟人数几何？无从计算，也难以估计，如果实在要说一个数，大概和这哥拉巴花园中的花朵一样多吧。

如今的我们再看《蝴蝶夫人》，除了感叹平克顿的薄情寡义和蝴蝶夫人的一片痴情，字里行间还时时能感觉得出东西方文化的悬殊差异。正如平克顿在剧中唱的"只有美国人，不怕一切困难，走遍了全世界，找到冒险的乐园……如果他不能获得每个国家最美丽可爱的姑娘，生活就没有乐趣。"他打算和美丽的日本姑娘结婚，但是又随时准备取消合同，甚至早就打算好了在将来与美国新娘举办正式的婚礼。平克顿典型的美国式自由和享乐主义暴露无遗，在媒人和领事面前也处处表现出优越感，这正是剧作家想要表达的。

再看蝴蝶夫人呢，最初是可爱又快活的，就像一只翩翩起舞的蝴蝶，在伯父说她背叛自己宗教信仰时又异常痛苦，捂住双耳，像个孩子似地哭泣。在凯特（平克顿的美国妻子）要带走她的孩子时，她明显受到了巨大的打击，目光变得呆滞，却平静地说出："好吧，我愿意尽我的义务……祝你们幸福，请不要怜悯我。"拿起父亲的匕首自杀，或许是普契尼能够想到的给蝴蝶夫人最好的结局。也是在结尾处人们才明白过来，所谓的蝴蝶不过是脆弱的爱情、短暂的幸福和无常的人生之象征。

一个讲述东方女子背叛传统信仰，为爱献身又遭受美国军官欺骗的故事，成为上演次数最多的西方歌剧作品之一，不知道日本人是如何看待《蝴蝶夫人》的。不过，看他们把"蝴蝶夫人"的演员三浦环的塑像立在哥拉巴花园中，似乎能感觉到日本人对这件事并未介怀，花园中还有哥拉巴本人的塑像，与蝴蝶夫人遥遥相对，也算是另一个时空对他们爱情的成全。其实日本人的"宽容"不仅体现在这一件事情上。

　　同在长崎，还有一座西方色彩浓厚的标志性建筑，那就是为了纪念在日本殉教的 26 位天主教徒而设的 26 圣人纪念碑。历史上基督教在日本有过最初 20 年的辉煌，当时日本的教堂已逾 200 座，信徒 15 万人，但后来丰臣秀吉屡颁禁教令，天主教被作为邪教禁止传播，除了 26 位基督徒被当局处死，还出现过信徒起义，幕府派兵镇压的"岛原之乱"。然而今天的日本仍允许信徒在此立碑建堂，纪念曾被残忍迫害的 26 位"圣人"。"圣"当然是罗马教廷封的，日本人倒也承认，或者说没有反对，并且允许在公众面前出现。纪念碑后方还有一座博物馆，外墙装饰着彩色的玻璃，馆内陈列着与教会有关的文物和文献，包括殉道者染上血迹的衣服、"岛原之乱"中基督徒的遗物以及现代艺术家关于日本早期天主教徒生活的绘画、雕刻等艺术作品。旁边还有 26 圣人教堂，也叫圣菲律普教堂，是日本国宝中唯一西洋风格的教堂，曾在 1963 年获得日本建筑学会奖。虽然在长崎原子弹爆炸中曾遭受破坏，但移址重建的教堂今日仍最大程度地保留了原有的欧式风格。尽管日本被称作"福音硬土"，令多少基督徒望之兴叹，但至少在今天，教堂在那儿，纪念碑在那儿，讲述这段历史的博物馆在那儿，你若愿意去了解，去学习，只需付个门票费就可以。

无论是哥拉巴花园还是 26 圣人纪念教堂，从日本人对待这些西式风格建筑的态度上可以看出，他们对待西方文化，尽管也存在过抵触和排斥，但时至今日已是最大限度地承认和接受。

历史上的日本人曾经以中国为师，遣隋使便是最好的代表。刚开始做学生的日本人多少还有些傲慢，或者说，摸不清楚这位"中国老师"的脾气。在呈递的国书上，他们以日出处天子自居，向日落处天子（中国）问好。这一说法使隋炀帝大为不悦，认为他们用词不逊。日本使者再三解释，说什么自己国家的人粗通汉语，不善言辞，才有了这番误会。好在我中华有泱泱大国风范，谅解了他们并在第二年派出使团回访日本，受到了隆重的欢迎。当这位中国老师到了耄耋之年，再教不了他们什么新东西的时候，日本人毫不犹豫来了个 180 度转身，开始了西学进程。19 世纪末期，日本被荷兰等国家强迫打开国门，从一开始不得不在某种领域中屈服，到完全自觉地融入西化浪潮，以西为师，并将其符号化、固定化。穿洋服，吃西餐，听歌剧，改用太阳历，发展义务教育，选派留学生，废藩置县，兴建新式铁路、公路等，甚至一度提出要脱亚入欧。即便当时西人有类似哥拉巴的个人利益至上的行为，日本人也不以为意，该尊崇尊崇，并没有因一害而遮其利与光辉。

比较日本明治维新和我国洋务运动的文史资料不胜枚举，一个"中体西用"，一个"和魂洋才"。表面上看，双方都是讲究融会贯通，但实际的态度却又大相径庭。在洋务运动过程中，也曾经有大量的西方技术或管理人士在中国工作，比如担任晚清海关总税务司的赫德，甚至洋枪队的华尔，但是，留下的形象大多以小丑为主，国人非但没有从其身上学习到先进的文化或科技，反而最后从道义上弃之如敝履，更从中国道德观念出发，居高临下看待这些远道而来，也许原初抱着侵略但是客观上也推动了中国某些专业领域现代化进程的"客人"。而日本这个国家要么不学，要么就是发现对方优秀的地方全面、系统、彻底地学。老师可以更换，哪怕曾经欺负过自己。灾难侵扰下的日本人是不会在道德上对西人有超高要求的，因为他们只是希望学到哪怕一点，能使整个国家和民族稍稍脱离于灾难带来的破坏和影响，也就够了。

《论语》有云"择其善者而从之，其不善者而改之。"日本人将这一点作为处事哲学一以贯之。善于模仿并不是什么高强的本事，能做到遍撷旁人智慧并加以改造成为自己的，这才是日本人的高明之处。

太阳神鸟，日本乌鸦

不管是在繁华的东京街道，还是偏僻的奈良森林，我们总能看见乌鸦的影子。是不是多灾日本的死亡气息引来了这众多乌鸦？答案不得而知，但可能性肯定存在。

太阳神鸟

乌鸦嗅觉敏锐，善于察觉到腐败的气味，浑身漆黑，"哇——哇——"的啼叫嘶哑而凄凉，因此常常是死亡、恐惧和厄运的代名词。然而乌鸦在日本却一改不祥之鸟的形象，不仅作为国鸟被日本人供奉，还有着极其特殊的地位和待遇。成为日本人心中至高无上的神鸟。

日本人对乌鸦的尊敬可以追溯到日本第一代天皇——神武天皇。日本古籍曾记载，公元前 660 年，神武天皇从宫崎县一带东征奈良县，一路激战到了和歌山县熊野一带的山林，却因迷路被困山中，幸得高木神派出一只乌鸦持火把引路而获救。这只乌鸦有 3 只脚，颈项上挂着八咫勾玉，因此被称为"八咫鸟"。受益于八咫鸟的指引，神武天皇获胜并最终顺利建立了朝廷。因此，乌鸦被日本人当作"立国神兽"。到现在熊野的那智神社和奈良的八咫鸟神社依旧供奉着三足乌鸦。乌鸦的图案在日本一直被当作神符，书写"起请文"（向神灵起誓的文字内容）的熊野"牛玉宝印"上也画有成群的乌鸦。传说"起请文"极具神力，如果立誓人违背誓言，在熊野就会有 3 只乌鸦因此死去，立誓人也会遭受严厉的天谴。

　　有传说"八咫鸦"的三足形象是源于中国古代的"日乌"（太阳中有乌鸦栖息）和"月兔"（月亮中有玉兔居住）。因我国古时"奇数为阳、偶数为阴"的传统，因而三足乌鸦一直被当作是太阳的象征。其实在唐代以前，乌鸦在中国民俗文化中也有吉祥寓意，并被人们看作预言神鸟。比如"乌鸦报喜，始有周兴"的典故为人所熟悉。在唐代以后，才有了乌鸦主凶兆的说法出现。唐段成式《酉阳杂俎》："乌鸣地上无好音。人临行，乌鸣而前行，多喜。此旧占所不载。"而《后汉书·耿弇传》中还有："归发突骑以辚乌合之众，如摧枯折腐耳。"自此乌鸦的啼叫被视为不祥之兆，乌鸦的叫声被认为会带走生灵，抽走魂魄。

　　日本与中国不同的是，他们将人临死时在附近徘徊的乌鸦视为"度亡者"，即超度亡者灵魂的使者。日本人认为，但凡人死都应当成佛。而对于无法成佛的魂魄，就会成为在人间徘徊行恶的怨灵。而乌鸦的工作就是在一旁看守、超度死者，防止其灵魂变成怨灵。还有一些说法认为乌和鸦是不同的东西。与鸦相反，乌是一种类似于怨灵的妖怪，是鸦死后化成的。或许关于乌的这种解释更加贴近中国人对乌鸦的看法。

　　此外，在日本还有趣闻说乌鸦本来是一只白色的鸟，为了使自己变得更加漂亮，便来到蝙蝠开的染坊，拜托蝙蝠帮它染成黑中带金的美丽模样。岂料蝙蝠失败，将乌鸦染成全身漆黑。而为躲避乌鸦愤怒的追讨，蝙蝠从此以后再也不敢在乌鸦活动的夜晚出现。这也说明了同样是不招人喜爱的动物，我们在见得到乌鸦的地方，却少见蝙蝠的情况。

　　时至今日，乌鸦的正面形象依然深入人心，在日本的童谣、动漫、电影以及诗歌、小说等文学作品中频繁出现。在日本的很多字典里，查"乌鸦（からす）"，都会出现乌鸦反哺的介绍。"乌鸦反哺，羔羊跪乳"都是中国儒家思想，以自然界的的动物形象来教化人们"孝"和"礼"的一贯说法，乌鸦"孝鸟"的形象几千年来一脉相传。而乌鸦反哺自己父母的这份孝心也影响着许许多多的日本人。日本人都以乌鸦反哺为例教育自己的儿女。因此，在日本儿童看来，乌鸦也是乖顺可爱的鸟。他们放学后，常会唱着《七只小乌鸦》的童谣和乌鸦一起回家。

逐死而至

　　在东京的上野公园、靖国神社以及随处可见的各种大小神社和公园里，都少不了乌鸦的声音和身影。日本人在公园喂养乌鸦也就和中国人在公园喂养鸽子一样常见。乌鸦在日本得以大量繁衍，一方面，是日本的传说和文化信仰，让乌鸦成为广受喜爱的神鸟。另一方面，从乌鸦实际的生存环境来看，它们多栖息在茂密的树林或者高大的山地之中。而日本多山地，这就足以为乌鸦的生存提供绝佳的场所。在日本，无论是繁华的市区还是空旷的公园，随处都能见到拥有密麻年轮的大树。此外，即使日本的乌鸦同中国的乌鸦一样，会在有腐尸的地方集群出现，但日本人似乎还挺喜欢乌鸦的这一特性。乌鸦作为死亡的启迪，那些选择在深山中死去的自杀者，集群的乌鸦会给断魂的搜寻人带去指路的讯息。

逐死而至的乌鸦对于腐烂气息具有高度敏感性，对无法逃脱灾难注视的日本人便有着特别的吸引力。明白此理的日本人知道己身总会需要乌鸦驱散自己的亡灵吧。所以，面对死亡威胁，他们将心中的惧怕变成对威力的敬仰。他们供奉着太阳神鸟，祈求着应对多灾环境的勇敢之心。

说到日本的温泉，其实很多人首先是从文学作品里看到和了解的。从近代到现代，很多著名作家的小说中都出现过温泉、温泉酒店等背景。如明治时代的社会派小说家德富芦花的代表作《不如归》写到了位于群马县的伊香保温泉。这里的汤呈茶叶褐色，含铁质，许多女性因泡汤而受孕，因此这里的温泉也就被人称之为"送子汤"。和他同年出生的小说家、俳句诗人尾崎红叶在《金色夜叉》中写到了男女主人公诀别的热海温泉。而"日本小说之神"，"白桦派"作家，"心境小说"泰斗志贺直哉在一生唯一的一部长篇小说《暗夜行路》里则写到了城崎温泉。城崎温泉古称"但马汤"，虽然从整体上看没有热海温泉那么有名，但是那里自古以来却都是京都贵族和近代文人墨客们最喜爱的温泉休憩之所。在日本最早的敕撰和歌集《古今和歌集》和日本南北朝时期的随笔代表作《徒然草》中，也都提到过但马汤。

温泉：大自然给日本的恩赐

日本这个国家独特的地理位置和地壳结构，除了给日本带来了地震、海啸等自然灾害之外，频繁的地壳活动也让日本形成了遍布全国的各类温泉，使日本成为"温泉王国"。从另一层意义上来看，也勉强可算是大自然对日本的一种补偿和恩赐吧。据资料称，狭长的日本从北到南共有2600多个温泉，而以温泉为特色的温泉旅馆多达七万五千多家，每年大约有 1.1 亿人次使用温泉，相当于本国每人每年平均都会使用一次温泉。日本的《温泉法》中对温泉保护、温泉利用、温泉管理做出了严格的规定。

也正是因为日本的温泉实在是数量巨大，种类太多，要想列举出日本比较好的温泉就变成了一个难题。

别府温泉是九州最具有代表意义的温泉，尤其是冬天，进入九州大分县中部的别府地区，沿途看到的就都是白雾升腾起来的样子。别府温泉的涌出量仅次于美国黄石公园，而温泉水质丰富多样，世界上温泉共有 11 种水质，这里就有 10 种。尤其是别府八大地狱（海地狱、鬼石坊主地狱、山地狱、灶地狱、鬼山地狱、白池地狱、血之池地狱和龙卷地狱）温泉，更是吸引着无数人前往。

热海温泉地处伊豆半岛，依山傍海，隶属于静冈县，是日本著名的温泉疗养地。热海温泉的最早记录要追溯到 1200 多年前，这里拥有 300 多个泉眼，随处可以泡脚，也是以温泉旅游著称的一个小城市。当然，热海温泉的出名，川端康成应该是起到了巨大的作用。热海温泉中著名的有大汤、河原汤、佐治郎汤、清左卫门汤、风吕之汤、小泽汤、野中汤等。

草津温泉位于群马县，是连续 12 年被《日本温泉 100 选》评为第一的温泉，因其疗效显著，被称为"药出汤"。因为这里的温泉是硫化氢酸性泉和酸性硫酸盐泉，水温高达 50℃ ~ 95℃，对于风湿性疾病、神经痛、慢性皮肤病等都具有一定的疗效。草津温泉每分钟泉水自然涌出量为四万升，居日本温泉之首。草津温泉的地标汤畑位于中心地点，是一处被围起来的温泉源头，到处都白烟缭绕，硫磺味道弥漫，晚上还有灯光秀表演，到了这里仿佛到了一个现实与魔幻交错的地方。

有马温泉作为日本三大名汤之一，地处关西地区神户市郊的六甲山山下，相传几代天皇都曾经来过这里。有马温泉早在 8 世纪就由僧侣开发成泡汤休闲的处所，后来在战乱中被毁。因为丰臣秀吉出资重建，因此这里也以丰臣秀吉的官衔被命名为"太阁汤"。有马温泉水质丰富，最著名的是含有铁的"金之汤"和含有碳酸的"银之汤"。

从神圣到世俗的温泉文化

日本人将大众澡堂叫做"风吕"，当然最初风吕的意思是洗澡盆，因其泡温泉的历史悠久，民众又极喜欢泡温泉，从而获得了"风吕民族"之称。村上春树在《假如真有时光机》旅行随笔中曾经写道："冰岛全境都有温泉涌出，数量之多甚至让人觉得不妨将温泉的蒸汽用作国旗图案。驱车出行，常常可以看到暖意融融地冒着白色雾气的小河。温泉自然地涌出，泉水就这么混入河水里奔流而去。在日本人看来，会觉得：哎呀，好可惜啊，多好的温泉！"可见，温泉文化似乎已经固化在现代日本人的骨子里了。

日本的温泉文化历史悠久，但是惠及百姓则是江户时代的事了。起初的温泉利用是不对百姓开放的。纪传体历史书籍《古事记》和编年体历史书籍《日本书纪》等古老的历史文献中都有关于天皇泡温泉的详尽描述。前者是神话传说，后者是正史记载，但是其中都提到了天皇泡温泉。由此可以看出，日本人使用温泉的历史很久，但当时是仅限于天皇使用的。

进入 8 世纪的奈良时期，日本受到盛唐文化的影响，佛教兴盛，僧侣的地位较高，寺院僧侣因需要清心净身，可以使用温泉浴，但是一般百姓还只能到河流小溪中洗澡，家里也没有洗浴设施。日本最早的诗歌总集《万叶集》中也提到了神奈川的汤河原温泉和长野县的山田温泉。

从 8 世纪末到 12 世纪末，在为期接近 400 年的平安时代里，佛教的兴盛将温泉的使用权紧紧限定在了贵族和僧侣的范围之内。当时的温泉使用被赋予的功能是休闲、治疗，以及宗教活动意义。

进入 14 ~ 16 世纪的室町时代以后，温泉的宗教意义弱化，但代表达官贵人身份的休闲娱乐功能增强。而后随着进入由织田信长和丰臣秀吉称霸的安土桃山时代，因战火纷飞，温泉的治疗效果被进一步发掘，大量负伤的士兵开始接受温泉治疗。尤其是在甲州和信州，武田信玄及真田幸村等战国武将都有了属于自己的"秘汤"。

进入 17 世纪，随着德川时代的开始，由于当时的医学仍然比较落后，温泉的治疗效果受到普通民众的认可。而温泉的使用权也不再限于达贵、僧侣、士兵，普通百姓也开始能够享受温泉了。温泉开始成为所有日本人洗净污浊，让身体休息，同时也让心灵得以休憩的一个场所和一种形式了。

日本都市里的大众浴池则叫做"钱汤"，也就是花钱泡澡的意思。据说钱汤起源于镰仓时代的寺院僧侣沐浴之汤，但那汤也免费提供给香客和居民使用。江户时代的钱汤，多是男女同汤混浴。明治维新之后才分出了男汤和女汤，但两汤仅一板之隔。板中间有个柜台，名作"番台"，坐着老板或老板娘，负责收钱及照料两边浴客。后来都市里新式公寓楼房越来越多，房内均设了叫做风吕的浴室浴缸，因此钱汤逐渐没落，成了"小众"浴池。

我笔写我心，我心爱温泉

要说著名作家中对温泉爱到骨子里的，夏目漱石应该是最具典型代表性的一位了。无论是在熊本教书的几年中，还是后来到松本教书，温泉一直是他生活中非常重要的一项内容，也是他作品中反复出现的场景。

在熊本的小田温泉里，夏目漱石曾经写下俳句："温泉的水呀滑溜溜，洗掉去年的泥垢"。这句看起来似乎有点眼熟，不由让人联想到中国著名诗人白居易的《长恨歌》中类似的描写温泉的句子"春寒赐浴华清池，温泉水滑洗凝脂"。显然，夏目漱石是受白居易影响很大的，这一点，他本人在 1907 年出版的小说《草枕》中也通过主人公之口明确表示过，"我每次泡汤时，想的都是唐代诗人白居易在《长恨歌》中写到的'温泉水滑洗凝脂'这句。甚至一听到温泉二字，就必然心情愉快，一扫'人世难居'的阴霾。"

曾经两次前往小天温泉的夏目漱石在几年后将这段经历写成了《草枕》，其中他所居住的那古井旅馆就是他一直追求的"非人情"的一处天地，即如陶渊明的桃花源一般脱离世俗。《草枕》一书中的那古井温泉的原型就是小天温泉乡中的田尻温泉，而今更成了小天温泉那古井馆。而有着小天温泉乡的天水町则成了"草枕之里"。

另一处和夏目漱石关系更为紧密的温泉所在地，就是位于四国爱媛县松本的道后温泉了。道后温泉是夏目漱石的小说《少爷》中屡次出现的主人公去洗澡的地方，现如今已经发展成为以"少爷"为主题的一条龙旅游项目。从道后温泉洗澡到少爷列车，到少爷钟报时，到一系列少爷当年喜欢吃的三色团子，都成了代表着松山和夏目漱石的标志。道后温泉也和其它地方的温泉类似，除了浴室内部之外，外部散落着好多处可以随时泡脚的小温泉。在很多人等待看每半个小时一次的少爷钟表报时表演时，干脆就坐在旁边的石头上泡个脚，真是惬意得很。

　　诺贝尔文学奖获得者川端康成也是一位喜爱温泉喜爱到骨子里的人。他曾经这样说过："浸泡在温泉中，于我而言是比什么都快乐的事，我想走遍温泉地度过一生。"他也确实用文字记录下了很多与温泉有关或者发生在温泉的故事。大家所熟知的《伊豆的舞女》描绘了在伊豆的美景中一个少男和一个少女最纯净的爱慕与思恋，这个故事起源于川端康成22岁时去伊豆旅行时住在汤本馆的记忆。"我独自到伊豆旅行，已是第四天了。在修善寺温泉住了一宿，在汤岛温泉住了两夜。然后蹬着高齿木屐爬上了天城山。""她们白天在修善寺，今天晚上来到汤岛，明天可能越过天城岭南行去汤野温泉。""桥那边就是温泉旅馆的庭院。他穿着印有长冈温泉的和服短外褂""我顺着他手指的方向，看见河对面那公共浴场里，热气腾腾的，七八个光着的身子若隐若现。一个裸体女子忽然从昏暗的浴场里首先跑了出来，站在更衣处伸展出去的地方，做出一副要向河岸下方跳去的姿势。她赤条条的一丝不挂，伸展双臂，喊叫着什么。她，就是那舞女。"书中随处展开的情节中，修善寺、汤岛、长冈，都是伊豆地区有名的温泉所在。现在在汤野温泉福田家旅馆内，还依原样保存着川端康成住过的房间，院落里有伊豆舞女的塑像。

川端康成的另一部脍炙人口的作品《雪国》，故事同样也是发生在以温泉为背景的地方。小说发生在雪国，但其中又处处都是温泉的影子。"对温泉客栈来说，滑雪季节前是顾客最少的时候，岛村从室内温泉上来，已是万籁俱寂了。""那天晚上他一到温泉浴场，就让人去叫艺伎。""他在客栈里一打听，果然，这里是雪国生活最舒适的村庄之一。据说几年前还没通铁路的时候，这里主要是农民的温泉疗养地"。《雪国》虽然并没有明确写出温泉的地址，川端康成也否认书中的岛松是他自己。但为了写作，川端康成曾三年五次前往新潟县一个叫做"高半"的旅馆，由此可知《雪国》的原型地是汤泽温泉，驹子的原型则是他在那里结识的艺伎松荣。如今的高半旅馆改建并改名为"雪国之宿高半"，二楼还有再现了川端康成执笔时原貌的房间，一楼有温泉"驹子汤"。因此,《雪国》中的汤沢温泉也成了现在川端康成浪漫行中必泡的雪国汤。

而《温泉旅馆》则是川端康成作品里完全以在温泉旅馆里工作的乡下女孩为描写对象写成的一部小说。"为了让温泉的热气流通,不论冬夏,澡堂的后门和窗户都是彻夜敞开着。""在村里的一流的温泉旅馆里当佣人的农村姑娘们,商量好请了假。村里的人包括阿泷她们,都聚在乡村二流温泉旅馆里,把村里第一流温泉旅馆的老板的旧闻当做新闻一般数落起来。""自三四年前起,每年夏冬是温泉浴场最繁忙的季节。""时过半月,阿雪不知从什么地方给阿泷寄来了一封信,信中写道:啊,令人怀念的山村温泉啊!如今我流落在令人悲愁的他乡,昨日奔东今日走西。这些动人的词句,无疑是她在温泉旅馆时从说书杂志上背下来的。"几个悲情命运的女性在他的笔下,在每日工作的温泉旅馆里,就那么真实地撕开了伤口展现在读者面前。

日本唯美派文学的主要代表人物谷崎润一郎也是一个喜欢温泉的作家。他曾经在关东大地震之后,从东京搬到神户,住在有马温泉埋头写作。1952 年,当谷崎润一郎的高血压非常严重时,也曾经到热海温泉静养。他发表于 1933 年底、1934 年初的随笔集《阴翳礼赞》中所涉及的东方建筑及文化的原型很大一部分都出自他自己常住的有马温泉"陶泉御所坊"。"陶泉御所坊"是一家有 800 年历史的木质和式温泉旅馆。谷崎润一郎赞美了它微明且昏暗的房间光线、布局、缝隙，以及来此泡汤的人身上所展现出来的阴翳美，日本风。

而从 1943 年到 1948 年写就的长篇小说《细雪》是谷崎润一郎的代表作，是以大阪的名门望族莳冈家四姐妹为主人公，以美丽娴静的三妹雪子的相亲故事为主线，描写了关西地区的风土人情、社会事件、对外交往等等。书中场面多选在京都和神户，作者为因自由奔放而怀孕的四妹妙子选了一处隐居数月之地，那就是与"陶泉御所坊"同用一道泉源的"花之坊"旅馆。

是休憩，也是生活本身

以温泉为文章的场景、舞台，以温泉旅馆作为执笔写作之地，构成了日本的一种文学样式——温泉文学。在现代的文学作品中，温泉出现得更为频繁，已经成为日本人现代生活的一环而嵌入生活本身。甚至连推理小说中的杀人案也开始大量选用了和温泉相关的背景环境来设计故事。

松本清张在《苍白的轨迹：箱根市温泉杀人手稿》中这样写道："最后，典子拿定了主意，朝灯光逐渐稀少的前方走了过去。很久以前去仙石原的时候曾了解到，那里的溪谷中有一家十分安静的温泉旅馆。一路上男男女女们身穿旅馆提供的薄单衣，在昏暗的山道上自在地游荡着。可典子此刻已经是汗流浃背了，一心只想早点到达饭店，好泡在温泉里。""洗过了温泉，换上旅馆提供的浆过的薄和服单衣后，就立刻感到神清气爽。"温泉既是环境，又是故事本身。

而推理小说高产作家东野圭吾的很多作品也提到了温泉。比如在《拉普拉斯的魔女》中，故事的缘起就是两处温泉地相继发生硫化氢中毒事件。而《风雪追击》中描绘的是在长野靠近新潟的高级雪场——里泽温泉，通过缆车、雪道等细节的描写可以看出，那里基本上就是现实中的野泽温泉。而故事中旅馆老板娘拿出来的水尾清酒正是温泉村的特产。这个野泽温泉，同样是东野圭吾的小说《疾风回旋曲》的取材地点。2016 年 11 月 26 日，经过改编的同名电影在日本上映。而在《祈祷落幕时》中，东野圭吾在描写小酒馆老板娘宫本康代雇佣百合子时，也写到是通过温泉旅馆老板娘的介绍才雇佣的。

著有《蟹工船》的无产阶级文学家小林多喜二，也曾经在 1931 年住在神奈川县七泽温泉的"福元馆"躲避警察追捕，并且在那里用一个月的时间写下了小说《组织生活》。

温泉，于日本人的意义，是身体的洗涤，是伤口的疗愈，也是心灵的休憩；是故事的起点，是生活的背景，是情感的寄托，也是寻求解脱的最终归宿。渡边淳一的《失乐园》中，久木和凛子最终选择的自杀地点就是温泉酒店，因为他们想要在个体和爱情都最美好的时候让美好永驻。太宰治活着时也喜爱温泉，自杀也同样选择过温泉。

以消灭美的方式来留住美，正像极了樱花的瞬间绽放，又快速凋零的过程。温泉这个场所大概正好应了这一追求吧。

日
本
的
排
外

与
容
外

简说日本"外交史"

日本是太平洋上的一个岛国，但她并不孤立，更不闭塞。她以其独特的物产，迷人的风光，深厚的文化，发达的经济和繁荣的社会环境吸引着全球游客的到访。而在历史上，相传从我国秦朝便有方士徐福东渡，东汉时期两国正式开始外交往来，隋唐有遣唐使大规模来访，明清期间两国相敬相杀，邦交断续，日本与我国自古以来存在官方和民间的交流。对于朝鲜这个邻国，日本不仅虎视眈眈，也一直与其互通有无。

日本的对外交往长期限于东亚文化圈，直到江户时代德川幕府打破局面，开始建立一种独特的国际秩序——大君外交体制，即以幕府将军为外交代表人物，称之为"大君"。为了抵制天主教入侵和西方思想对统治的威胁，日本采取的是"锁国"政策。与清朝不同的是幕府垄断贸易和情报，控制仅与中国和荷兰的通商权，在文化和经济交流上，更是把唯一通商口岸长崎作为了解西方的窗口。虽然荷兰是新教徒国家，但荷兰人来此的目的是为商不为教。他们还挑拨幕府与葡萄牙、西班牙的关系，支持幕府镇压国内暴动，"海上马车夫"真是名副其实。幕府规定荷兰商人必须提供本国及西方世界的最新报告，中国商人则要提供中国各省份的情况，由幕府翻译，时称"荷兰风说书"和"唐人风说书"。幕府还在长崎设立"风说役",收集港口商人的谈话,获取海外信息。到德川第八代将军,有着"家康の再来"称号的吉宗掌权时,掀起一股"兰学勃兴"运动。法令支持西方书籍流入,兰学私塾广纳学子,大批译者翻译科学论著,从"兰癖大名"到"兰癖家"庶民,社会各层开始系统学习西方文化,奠定了日本近代的思想基础。

直到 19 世纪,幕府才认识到"锁国"政策成为日本发展的桎梏。第一次工业革命爆发后,日本远远落后于西方世界。"黑船事件"打开日本的国门,同鸦片战争开启了中国丧权辱国的近代史一样,迫使日本向近代社会转变。不平等条约签订,列强伺机侵略,民族危机深重,倒幕运动席卷日本。孝明天皇死后,明治天皇即位。从小接受东西方系统性教育的明治天皇开展维新运动,全面学习西方社会。这是日本最彻底的一次自我变革,也是好学尊强民族的性格使然。

通过与美、英、法、荷、俄等国签订条约,史称"安政诸条约",日本才算正式纳入国际法体系,并且学会了这种逻辑。经过近 30 年的改革,国力强盛的日本将此应用到对几个邻国的外交中,向海外扩张,发动侵略战争,签订不平等条约,以致燃起二战亚洲太平洋战火。战后日本被美国占领,外交也失去自主性,附属于美国主导的大国外交，成为美国亚太战略的屏障。冷战期间，在美国的援助下，日本经济腾飞。前首相中曾根康弘于20世纪80年代提出"战后政治总决算"的口号，至今实现这一目标还存在一系列障碍。比如没能正视历史，伤害亚洲邻国的情感和过度依赖美国，缺乏独立的外交战略。1934年，外交评论家清泽洌说到："在日本，最受轻视的部门是外交。不仅在政治意义上如此，在学术乃至著作的意义上更是如此。"近100年过去，日本政治地位雄起仍是道阻且长。另一方面，从经济和文化影响力来看，日本毋庸置疑是一个强国和大国。日本国民的教育和素质也为世人认可。Henley & Partners 公司最新发布的2019年全球护照指数排名中，对日本护照免签的国家和地区数量高达190个，蝉联榜首。这说明日本国民受到了全球的欢迎，日本受到国际社会的尊重。

美国历史学家约翰·托兰评论道："与西方人黑白分明的思想方法不同，日本人的界限比较模糊。结果，在国际关系中，日本人讲究的是'政策'而不是'原则'。对西方来说，日本人似乎是没有道德心的。西方的逻辑像一个手提箱，明确而有限度。东方的逻辑却像日本人用的包袱布，可大可小，随机应变。不需要时，还可以叠起来装在口袋里。"

外国人在日本

外交政策体现的是国家之间的看法和交往方式，而国民对来日外国人的态度体现在生活的细节中。从文学创作、影视音像、论文专著中也能够捕捉到蛛丝马迹。当红的 Vlog 也是满世界环游的 YouTube 博主热衷的记录方式。通过街头采访，我们得以了解当下外国人在日本的生活经历以及日本人对外国人的看法。总体而言，日本国民对于外国人是开放友好的态度，许多外国人乐意居住在日本。截至 2017 年底，旅居日本的外国人数达到 256.18 万人次。日本人待人接物充满礼数和热情，工作态度一丝不苟，细致耐心，打造了令游客舒心的服务业，令顾客放心的制造业。

日本自身充满矛盾之处，其实他们对于外国人的态度也是。自古以来，在文化上，日本是开放的，长期向优秀文化学习，日本人的心态在某些方面也是开放的和坦然的，如生死和性爱。日本的政策相对来说也是比较宽松的。但是日本人的骨子里还是排外的。不是说日本人的内心无法接纳外国人，而是很难能认同他们为真正的日本人。工作上大家可以顺利合作，生活中能够一起娱乐交流，一旦涉及自己的内心，他们倾向于缄口不言。而且日本人习惯抱团活动，也注意保留私人空间。这样的交往方式总是会让外国人感到疏远。在日外国人甚至还屡次碰到过被饭店、温泉馆拒绝服务的经历。店主认为外国人会带来不必要的麻烦，并且影响其他日本客人的消费情绪。日本"劳动政策研究・研修机构"公布的调查显示，有四成日本民众对"近邻的外国人有抵触感"；有两成日本民众对"在日本工作的外国人有抵触感"。其实不仅是完全的外国人，就算是土生土长的外籍日本人都可能会因偏见而遭遇不便。除此之外，日本还存在种族歧视现象，高看欧美人，对中朝韩等亚洲邻国另眼相待，一些右翼集团甚至到了仇视的地步。联合国消除种族歧视委员会敦促日本尽快制定反种族歧视的相关法案。迫于国际声讨，日本政府于2016年通过《推动消除针对本邦外出生者歧视言行相关法律》，但并不能切实改善社会形势。2017年日本美妆品牌POLA一销售门店歧视中国游客事件引发国人抵制热潮，最后以POLA发出书面道歉，接受中国媒体采访告终。更多的歧视案例则是以消费者利益受到侵害结局而不了了之。

排外背后的根本原因是日本文化的强烈民族性。日本独立东方一隅，自成一体，虽属东亚文化圈，但却极具个性，桀骜不驯。自古沿袭的天皇制是日本人共同的精神支柱，他们是"神"的子民，坚决效忠天皇；大和民族的延续性和稳定性形成了日本民族根深蒂固的民族认同感，外国人是轻易不能被接纳的。日本人相信血统说，皇室为了保持血统的纯正，选择近亲结婚。日本人自认为天生比其他民族优秀，民族优越感强烈。另一个原因也可以说是贯彻全国上下的等级观念。从企业集团内部，家庭秩序到公序良俗，等级划分是人际关系的主要依据。当被强国打败，日本自然是会高看一眼；遇到弱国，则会居高临下，甚至还会倒踩一脚。

除了歧视外国人，日本国内也存在着地域歧视链，但这种歧视无伤大雅。京都人嫌东京人没文化，东京人嫌大阪人市井，大阪人和东京人互相看不起，类似于北京和上海人。日本一档综艺节目《月曜夜未央》挑起了日本各城、区、县之间的地域黑，以戏谑的方式比较了日本地区间的差异。

随着日本老龄化和少子化愈来愈严重，除了发展机器人技术，引入外国人劳动力是必要的趋势。据厚生劳动省统计，2018 年每 100 位务工者对应 161 个职位。日本劳动力还将持续萎缩，预计到 2025 年将减至 6082 万人，到 2040 年只有 5245 万人。安倍政府计划于五年之内，预计引入 26 万 ~ 34 万名外国劳动者。目前在日外籍劳动者多达 146 万人，中国人最多，但是工资水平不高，社会地位低成为大量外国劳动者来日择业意愿的阻碍。日本民众对此也有诸多疑虑，他们担心越来越多的外国人首先会影响社会治安，会与本国人竞争中高端岗位。从日本社会到国民要更好地接纳在日外国人还需要一步步破除排外的心态，从法律制度到社会文化都需要更加开放和平等的措施来保障其权益和生活。

包容与多样的日本文化

有人说日本既没有接纳过中国，更没有接纳过世界，这未免有些夸张。日本曾以唐为师，甚至欲脱亚入欧，大规模向具有优秀和先进文化民族学习，即便说心理上没有真正接纳过，至少行为上是接纳的。日本的历史习惯是引进舶来品，然后加以吸收改造，形成完全带有日本烙印的内容，通过不断的学习和衍化，最终走在世界的前列。岩城见一认为"日本文化并没有固定的本质，"大概指的是日本不限定学习的对象，只要认为值得学习的东西即拿来改造一番，化归已用，却不是"拿来主义"那般，全盘照抄。日本一开始本无国名，在与中国的交往中获得国名，加强了自我的认知。还有日本文化中有很多包容性和多样性的元素。宗教、儒学、语言、文学、艺术中处处能见学习他国的痕迹。荻生徂徕在《辩名》中写道"学问惟在广泛吸收一切，扩大一己之见。"日本学者的虚心开放，广泛涉猎的态度自古传承下来。

朱子学于 13 世纪传入日本，经禅学、神道教的影响，早已融入了日本特色。江户时代奉朱子学为官学，形成了流派活跃、兼收并蓄、思想创新的氛围。其中水户学派以学习儒学思想和自然科学为两大宗旨；古学派提出实用理性的思想，反对空谈；儒学家新井白石等人广泛学习西方科学。这都体现了日本多元的内在思想，向先进文化学习的开放态度，以及实用主义的价值观。明治维新之后，思想家回归朱子学，弥补道德空缺。明治天皇颁发《教育敕语》，以儒家思想为国民道德教育内容，标志着朱子学已逐渐融入日本国家意识形态之中。日本人谦逊恭敬，从小培养道德礼仪的习惯使得世人称赞日本国民素质，反观朱子学发源地的中国还有待将其进一步更好地付诸实践。

日本文化的包容性还体现在其内部对历史的包容性。"大和"这一名称本是飞鸟时代圣德太子引用《论语》中"礼之用，和为贵"，后始定为"大和"。这个词贯穿了日本民族国家始终，将整个民族紧紧联系在一起，也将文化内涵都串联起来。尽管地震、海啸、火山喷发等自然灾害不断造就新的地貌，冲刷人类历史遗迹，但社会的延续为文化传承提供了绝佳的客观条件。现代日本的原宿文化则将包容性体现得淋漓尽致。

东京的原宿地区是战后的美军基地，于 20 世纪 60 年代成为年轻一代的"信息中心"，受到美国街头文化的影响，形成原宿一族。70 年代发展成为时尚中心，形成年轻人的"核心基地"，与代官山、涉谷合称为东京街头文化的代表。刚开始，日本青少年通过张扬的服装和音乐，大胆和不羁的行为来张扬个性，宣泄情绪，把这里当作逃离的避风港和同龄人的乐园。逐渐壮大后，青少年将这里作为展示个性，创造价值，标新立异的场所，日本时尚从这里向亚洲地区散发影响力。原宿的街头文化还自带日本人内敛而宁静的气质。除了名牌时装，"古着"二手服装店也栖居于此。不是高档门店，小角落里也有精挑细选的时尚好物。附近的庄严肃穆的明治神宫大隐于市，前往参拜的行人与时尚街区和跳蚤市场的路人互不相扰，喧嚣与宁静，传统与先锋和谐共荣。

时代的篇章与历史的沉积迭代，形成日本土地上一层层的文化土壤。如果把日本比作一棵扎根于日本列岛的树，那么，正如世人所见这棵千年古树汲取东方文化的精髓，广纳西方文化的新鲜养分，开出含蓄且繁茂的花朵，独立于世。

破立之间——
破开革与规
——变句子
立正冈的俳
落子规：，

257

　　春末夏初之际来到日本松山，为的是想看看夏目漱石写《少爷》时住过的地方，也去感受一下那车厢如火柴盒的小火车，却机缘巧合地遇上了子规纪念博物馆（1981 年 4 月 2 日开馆）正在举行春季特别展览（2019 年 4 月 27 日至 6 月 10 日）——"子规人生的名场面"。于是，看过博物馆，又取道正宗禅寺，参观了正宗禅寺佛海禅师为纪念他的文学友人正冈子规而建立的文学资料纪念馆——"子规堂"。乘电车经过花园町时，又下去寻访了立在路边的，用以标识正冈子规出生地的小小石碑。松山这座哺育了俳句革新家正冈子规的城市里，似乎处处都留下了俳句的痕迹和正冈子规的影子。

　　无论是纪念馆中陈列的子规学生时期的照片，戴过的学生帽，留下的小说草稿，还是他画的花草图，写下的汉诗，以及他卧病在床的雕塑，无不让人心生怜惜，又赞其执着。脑海中不由浮现出一副"梦阑珊，衣不沾，薄纸纤纤人缱倦"的画面来。

　　一直在打破旧习陈规，也一直在树立新范式；始终在追求生命的怒放，即便花瓣在风雨中飘然落下，满地落英，也恰是一种不悔的惊心动魄之美。这大概就是子规最后留给我们的印象和我们各自心中给他的评赏吧。

　　"渡船春雨至，船上伞高低。"生活万物之本真的样子，正是正冈子规在不断求变的过程中留下的最有价值的思考。

日本诗之变：从汉诗到俳句

俳句，日语为はいく，意思是以5·7·5三句17字形成的日本固有短诗。坚持认为俳句是日本的一种固有诗歌类型的观点认为，之所以选取5·7·5形式，一是因为日本文学素来喜爱并重视节奏感，而5·7·5是一种最富节奏感的表达方式；其二则源于音韵学上押韵的考虑，5·7·5方式是最便于日语押韵的一种选择。

其实要想理解俳句，就要谈到影响了日本文学界很久的另外一种文学体裁——和歌。和歌（わか）是受到汉诗绝句和律诗影响的一种日本诗歌，主要采用五字和七字混编的形式，长期流行于王公贵族之间。和歌中根据五字和七字排列顺序的不同，又分别形成了长歌、短歌、片歌以及连歌等不同形式。随着时代的发展，在繁文缛节中感到拘束和憋闷的贵族们逐渐开始喜欢上了更带有平民色彩的短歌及连歌形式。当然，短歌和连歌也基本是采取了五个字和七个字的混用形式。《万叶集》《古今集》《新古今集》构成和歌的三大典籍。渐渐从谣曲中脱离出来的和歌的气质也逐渐显得更为清丽和幽玄。

到了15世纪，王宫贵族们逐渐开始更加喜欢为和歌助兴的，更为轻松的连歌形式。连歌一般为双方现场即兴吟诵，多人合作，每人的第一句都是接上一人的诗句展开。这种形式就使得吟诵变得更为有趣。连歌整体上分为五个部分，第一部分称为"发句"，为5·7·5句式，共17字；第二部分叫做"协句"，为7·7句式，14字；而第三四部分则轮流反复出现前两种句式；最后一部分叫做"结句"，再次以7·7句式结束。总体上来看，和歌共5句31音。

后期，和歌的首句"发句"开始单独作为一种体裁出现，这就演化成了如今的俳句。当然其间也经历了诗歌性质的实质性变化。连歌本来属于高雅文学，承袭了中式的审美意识，写作强调引经据典，但随着连歌的这一特性被更强调诙谐轻松幽默的取向所替代，一种被称为"俳谐"的形式开始广泛受到欢迎。俳谐中加入了更多使用谐音的俏皮话，与引经据典相比，更多地取材于日常世俗生活。与作为雅文化、上层精英文化的和歌相比，俳句则显然属于文化分类中的俗文化、下层文化了。

当然，起初的俳句还强调季语（表示季节或代表季节的词汇），后期随着自由律俳句的流行，俳句的格式也变得更为自由，很多俳句也开始舍弃季语。

说来也是有意思。中国古诗分为绝句和律诗两种，中国古人就有一种说法，认为绝句可以被看作是律诗的一半，所谓"绝者，截也"。而日本的俳句三句十七音正好也是连歌五句三十一音的一半。虽然不可考俳句与和歌的关系是否从某一层意义上来说，也是受到了中国绝句和律诗关系的影响，但和歌、俳句与汉诗的关系，显然是同宗同脉络，源于汉乐府诗的。

日本近代文学取向之变：从贵族到平民

关于日本的近代史划分，其实是没有确切说法的。一说是始于 1603 年创立江户幕府，终于 1867 年大政奉还，明治天皇即位，这中间大约 260 多年的时间，被称为日本的近世。这段时间其实也就是我们通常所称的江户时代。而从 1868 年明治时代开始到现在，则被认为是日本的近现代。如果再细分的话，则明治和大正时期为近代，而昭和与平成，及现在刚刚开始的令和为现代。

可以说，日本文学的近现代取向变迁，是源于日本近世打下的文化发展基础的。江户时期日本实行的是大名分封制，政治上则以儒教思想作为治国理念，恪守严格的身份制度，因此，这一段也可谓是一个国富民安的太平盛世。在国泰民安的状态中，文化的极大发展也自然从达官贵族惠及到了普通百姓，这为后期日本文学取向从高雅的达官贵族向平民百姓的巨大转变打下了基础。

日本文学取向的转变表现有三，首先是江户时期新兴起来的平民文学。说到平民文化，自然要说井原西鹤（1642—1693 年）。井原西鹤出生于大阪富裕的町人家庭，后来成为由西山宗因引导的谈林派代表性俳人。在之前的假名草子的基础上，这一时期开始流行以描绘中下层平民生活为中心的新体裁——浮世草子。井原西鹤写的几篇浮世草子，如《好色一代男》《日本永代藏》都受到了极大欢迎，流行一时。

其次当属商人文学。与武士的传统和惯例不同，随着经济的发展，新兴商人们开始积极参与到共享文学生活的精神追求中来。在传统谣曲流行的同时，令新兴商人们更为喜闻乐见的是假名草子、浮世草子、净琉璃、歌舞伎、谐俳等平民百姓更为喜欢的形式。因此，这一时期的平民文艺形式得到了长足的发展。因当时的文学中心基本都在大阪、京都一带，这一带又被称作上方，所以这一时期的文学也被称为"上方文学"。直到享保时代（1716—1735 年），文学潮流才开始东迁，移向江户，因此这一时期才是真正的狭义的江户文学时期。

第三就是江户时代文学的象征和符号——俳句的兴起了。俳句兴盛中必然要提到三大著名代表性俳人：松尾芭蕉（1644—

1694 年)、与谢芜村（1716—1783 年）、小林一茶（1763—1827
年）。从生活年代上来看，三位也恰好是呈现承接状态。从最早的
松尾芭蕉最为重视俳句的清幽格调，到最年轻的小林一茶清新独
特的新俳句写作，也基本呈现了俳句的变革轨迹。例如，小林一
茶有一首著名的俳句便省略了季语："施米亦为过，群雉皆相
争"，但画面感强烈，表情达意甚是精准。

俳句定位之变："写生"正冈子规

凡世上之美，尤其震撼人心之处往往在于绝美的瞬间戛然而
止，于巅峰的壮美处峰回路转。也许，只有极度的悲惨才能更加
映衬出极度的灿烂。正冈子规的一生恰好也是在短短的一开一落
间给后人留下无穷的叹息与感慨的一种存在。以 35 岁的年龄就告
别了这个世界，实在是年轻得让人扼腕，但却也完成了俳句发展
史上一破一立的伟业，留下了浓墨重彩的一笔。

正冈子规（Masaoka，Shiki，1867—1902 年）于应庆三年
（1867 年）阴历九月十七日（阳历十月十四日）上午九点出生在
伊予国温泉郡藤原新町（现在的爱媛县松山市花园町），本名常
规，后改名为子规，别号獭祭书屋主人、竹之乡下人。对于正冈
子规的定位，比起诗人、散文家来说，他在俳句革新方面的贡献
自然是更为耀眼。

作为一代俳人，正冈子规在短暂的人生中交出的答卷可圈可点：5卷本的俳句集《寒山落木》，1896年的《松萝玉液》、1901年的《墨汁一滴》。1902年的《病床六尺》，以及写于1897—1902年的2卷本《俳句稿》都令人印象深刻。尤其是《俳句稿》，基本上贯彻了他一生所倡导的用写实手法来表现生活的新俳句理念，可谓是知行合一的一本著作。正冈子规去世后，他的弟子们于1904年出版了他的短歌集《竹之里歌》，更是让人在感慨师徒情深的同时，也再一次体会到他于俳句改革中所起到的巨大作用。除此之外，正冈子规也是一个多才多艺的文人，他画下了很多花草图，写下了如《仰卧漫谈》等大量随笔，早期还写了很多小说，例如《月亮的都城》等。

正冈子规所做的最有社会意义和价值的工作是对于俳句性质的重新定位与呼吁和推动俳句的改革。在面对以往谐俳的粗俗和传统俳句追求禅意与悠寂的鱼龙混杂状态下，正冈子规提出，俳句也应该适应新时代，写作应追求现实性和客观性，即他在1900发表于《日本新闻》上的文章中所重点介绍的一个词——写生。俳句写作的首要任务是如写生般去反映客观事物和客观生活。

1891年冬，正冈子规开始着手编辑俳句分类全集的工作，

1892 年开始在报纸刊载《獭祭屋俳话》，提出俳句革新的主张，具有重要的历史价值与文学价值。

1899 年，正冈子规和弟子们组建了"根岸派短歌会"，与浪漫主义诗歌组织"新诗会"形成对立局面，成为日本诗坛上的两大派类。

杜鹃啼血笔不停

正冈子规的同学兼好友夏目漱石曾经说过："**子规这人是个凡事认为自己高明的狂妄之徒呀！**"与其说这是对挚友的批评，倒不如说是充满了对同学正冈子规的赞许。松山市的子规纪念博物馆特别展的题目取得特别好，用了一个简单的名词型结构——"人间正冈子规"，真所谓一语道破子规其人。日语中的汉字"人间"，指的是有情有义，有血有肉的真实人。是啊，正冈子规和他的朋友夏目漱石是那么的不同，他从来都不是一个完美无缺的神话般的存在，但却是一个始终在奔跑的奋斗者，一朵努力去盛开的生命之花。

"**信家木曾问旅路，唯闻前方白云深。**"探索是正冈子规一生的关键词。他，一直在路上。

1884 年，正冈子规踏上了爱媛到东京的上京之路，开启了一个 17 岁少年的求学之途。热爱文学的正冈子规像一块不断吸收水分的海绵，贪婪地吮吸着政治、哲学的养分，以至于一段时间里放弃了文学，以为自己将要成为一个社会活动家和政治家了呢。正是在东京大学里师从井手真棹学习短诗创作以后，他才又开始把兴趣点回归到诗歌上来。

子规的早逝是早已注定的，他的病症源于 1889 年的肺病。22岁的正冈子规患上了肺病，于是文学青年子规依照《史书·蜀王本纪》中杜鹃啼血的故事，把自己的名字从"常规"改为"子规"，借以明志，表明自己到死也不会停下短诗俳句的创作的决心。同样重视写实风格的白居易的《琵琶行》中有所谓"其间旦暮闻何物，杜鹃啼血猿哀鸣"的诗句，也正好映衬了子规啼血之深意。

1892 年，正冈子规从东京大学国语专业退学，进入日本新闻社工作。同年发表《獭祭书屋俳话》，对传统的俳句写作方式及定位风格等提出批评，从此开始了为俳句改革发声。

1895 年，参加甲午战争的正冈子规因肺结核病情恶化，不得已退伍并返回日本。他前往当时赴松山某高中教英语的夏目漱石居住的愚陀佛庵，与夏目漱石同住，一起组织诗社，一起谈论文学，度过了 52 天的美好时光。此后他就一直是病卧在床的状态，直到去世。子规纪念博物馆里用雕塑的形式再现了他写作《绝世三句》时的场面，正如他自己的俳句所言，"喉颈瘪一斗，瓜汁难解忧"，果真是写生如画啊。

"吾庭浅草复萌发，无限天地行将绿。"正冈子规带着对俳句的热爱离去，留下的是俳句的革新。

灿烂过了，足矣。那个狂妄又热情的正冈子规，曾经来过。

　　不同民族或区域的人存在着非常有趣的差异性，原因何在？不同的人会有不同的解释。甚至，为了获得关于国家、民族、地域文化的解释，还特别建立了"文化人类学"这样一个学科方向。而本尼迪克特就是其中比较有影响力的人物，她的那部闻名世界的《菊与刀》就试图去解释"日本为什么如此矛盾？"这个让全世界都费解的问题。

　　当然，对于美国人而言，由于日本偷袭珍珠港获得了空前的成功，而后又在广岛和长崎两颗原子弹之下战栗投降。所以相比德国，似乎有了更大的研究价值。但是，本尼迪克特究竟有没有解释清楚日本为什么如此矛盾呢？她在书中提出的耻感文化是否足以作为理由呢？这些问题永远不会像行星围绕恒星转动那样有一个确切的答案。

　　我们认为，灾害对于日本今天各类具象化的表现形式之影响，其脉络是清晰可见的。地理特点带来的大量自然灾害直接影响到日本人的情感、心理与行为；继而对语言的形成、文学的形式产生间接影响；接着在意识形态上有了更为充分的展示，如集团主义与自我隔离，深沉凝重与轻快简单，都是灾害影响下看似矛盾实则统一的体现；然后这些特征又表现在更为具象化的内容上，如推理小说、日式艺术、和食、运动等；最后，形成了今天我们所看到的日本人做事认真、战争凶残、学习时一丝不苟、超越后狂妄自大等现象。

首先，各类自然灾害在一个岛国不断重复地发生，会对岛上的居民产生巨大的心理影响，刻录在日本人的 DNA 中。灾害一方面使日本人对事物的结果总能无条件地忍耐，另一方面，灾害也成为日本人更加拼命工作的动力。这样的自然环境和生活环境使日本人将国家看作一艘封闭且随时可能倾覆的大船，大家都在一个命运共同体上。这种心理驱使日本人不停地忙忙碌碌，从永无休止的自我努力中获取安全感。战后的技术更新和质量上的精益求精，其实都是为了寻求安全感而做出的努力。这些心理后来慢慢演变成"物哀文化""御宅文化""御灵文化"，乃至"天皇文化"。

其次，他们的行为依据外界的灾害环境变化而不断做出强制的理性反应，包括对于死亡的整体无所谓，以及面对已知死亡时的格外亢奋，甚至极端地认为"死亡是生命的一部分"而非终结等。

第三，日本人的语言文字特点，如"文末决定论""敬语""暧昧"等，也充分体现了灾害频仍的特征。类似的，他们的文学难道不也是灾害影响下的表现吗？短短几句的俳句，忧伤而沉郁的基调，都是外界环境映射到语言文字中的镜像。日本从英国舶来但有其本土特点的推理小说中充分展示出的"旁观者心态"，略显过度且浮在表层的对话描写、意识流刻画等，也都是灾害面前日本人认为不再需要清晰表达的一种体现。

第四，日本影视所关注的历史与现实也是日本人对于灾害的一种特定视角下的观照。比如《罗生门》在悲戚的淅淅细雨中反复咀嚼死亡，《望乡》中那份对于抛弃自己的国家所饱含的爱恨情仇，《午夜凶铃》中特有的日式恐怖，以及只有日本才会有的平淡哀伤的《入殓师》等，都是日本在灾害影响下的艺术性的浓缩和显露。

总之，日本的历史展现了风险无所不在、灾害随处发生的环境特征。生命因之无助而脆弱，环境和历史共同对日本的国民性产生了不可磨灭的影响，这些影响又具体展示在内敛的心理、无畏的行为、深沉的情感等方面，最后在日本的语言、文学、影视、艺术等方面得以更为具体化的表达。

所以，我们真的有必要重新审视本尼迪克特对日本人矛盾性的理解——

生性极其好斗而又非常温和：日本人生性好斗的背景是急于脱离周围恶劣的灾害环境，他们几次脱岛入陆都从侵略朝鲜开始，体现的正是这种摆脱既有状态的强烈需求。这是涉及日本民族与国家生死存亡的大节，日本内部的这类争斗也有类似的背景。他们的谦和（而不只是温和）反映的是，只要不涉及存亡大事，或根本没有机会对存亡之事进行争取，则"死亦非大事""何苦穷争执"的平和心态。二者并不构成矛盾。

黩武而又爱美：日本武士阶层的逐渐出现是在 11 世纪左右，武士道也成为日本人所秉承的一种价值观。此后漫长的战国时期使武力称雄成为当时大名们的唯一选择，这更加强化了黩武精神。即便如此，长期以来"生命无常"的状况所形成的"尊严死亡"的价值观依旧是大家追逐的目标。在不得已的情况下优雅赴死成为武士道的一部分，而平素生活中对美的追求也就更加强烈。毕竟谁都不知道何时就要面临下一次死亡的危险，那不如像樱花般灿烂一回吧。

倨傲自尊而又彬彬有礼：在这一条里面，"彬彬有礼"和第一条的"非常温和"，"倨傲自尊"和下一条的"顽梗不化"非常类似。对象有所不同，态度自然会有差别；即便对象是同一个，在形式上的追求礼貌与实质争夺中的不留情面也并非是完全矛盾的两面。

顽梗不化而又柔弱善变：日本人的学习能力是举世公认的，

他们在"大化改新"时学习大唐的体制、语言、文化、宗教；到了近代"明治维新"时，又学习西方的制度、技术、科学、军事，且都亦步亦趋、有模有样。但是，这些学习都是有原因有目标的。当时的日本并没有能力解决本土防灾减灾的难题，所以要想试图摆脱在灾害面前的无力感，甚至摆脱灾害环境，就必须对外学习（隐含着对外扩张）。他们又具有顽梗不化的特征，一旦获得自信和能力，他们就要超越自己模仿的对象和学习的老师，进行资源（包括地盘和控制力）的争夺。日本侵略中国、偷袭珍珠港都是鲜活的例证。

驯服而又不愿受人摆布：驯服是示弱的表现，是一种主动选择的行为。当日本人发现有更强者的存在时，或者说对方能够给自己提供安全感的时候，是很容易驯服的。同时，我们也可以理解为，日本人作为个体，很容易服从于力量更大的群体，在个人几乎无能为力的巨大灾难面前更是如此。但是，当力量均衡，或者有所超越的时候，内心中的骄傲就体现为不愿受人摆布。

忠贞而又易于叛变：日本人的忠贞主要体现在对领主或天皇的崇拜上，在一个缺乏安全感的状态下，人们（不仅仅是日本人）总要寻找到一种象征来获得安全感，哪怕只是虚幻的。而领主（大名、将军）或天皇恰恰充任了这样一个角色。实际上，广布日本的各个神社里的各类神灵，甚至包括生前曾是恶棍的人，都可以成为日本人寻找安全感的代表。而易于叛变也是依据安全感的多少而改变的。所以，忠贞或叛变，都取决于一个群体的"安全感"何在。

勇敢而又懦弱：本尼迪克特提及的这一条和上面所述也有相似之处，不再讨论。试想，一个连死都无所谓的族群，当然会在势均力敌或有优势的情况下表现出勇敢。而在大规模的灾害面前无能为力的族群，又怎么可能不懦弱？

保守而又十分欢迎新的生活方式：岛国心态（Island Mentality）一般指的是倾向于认为自己所在社群是最特殊、最优越的心态。它往往形容地理上与其他区域隔绝的社群，也用于形容缺乏与其他社群互动的交流者。中国的"夜郎自大"体现的也是一种岛国心态，这是在封闭的环境中特别容易出现的一种心理状态，这种心理状态最终将导致保守心态的出现。

而当所在岛屿面临着无法抗拒的生存问题时，岛国自我优越的心态就会转变为侵略心态。走出岛屿、走向大陆不仅可能是这种主动选择的行为，而且可能是非自愿的被动行为。由于岛国四处的疆域都处于开放的状态，很容易被外界强力打开，新的生活方式也就很容易到来，基督教传入日本甚至比中国更早更广泛就是鲜明的例证。而明朝万历年间，在丰臣秀吉的指派下，作为主要将领之一、率兵侵略朝鲜的小西行长就是日本基督徒。

最后，让我们重读罗曼·罗兰在长篇小说《约翰·克利斯朵夫》中引用的那句铭文——

当你见到克利斯朵夫的面容之日

是你将死而不死于恶死之日。

于罗曼·罗兰先生而言，他希望大家能从约翰·克利斯朵夫的一生中看到绝望里的希望，能够在粗糙生活的磨砺下成就超然，既与这个暴戾的世界平和相处，又能坚持自行其路，提升自己的品行与能力。这是一条战斗之路，也是成就强者之路。

对于日本人而言，生命总是无常，所以甚至需要珍惜每一次得以自主选择尊严死亡的机会，这是一种对"恶死"的主动逃离。

此外，在能力增长或实力膨胀到自认为能够抵御身边的自然灾害之后，还要面对自己设计制造的系统所带来的不确定性，比如因地震引发的核泄漏风险。即便征服了这些自然的或人为的灾害，还将会唤醒内心的狂野与孤傲，误以为可以通过强力脱离岛屿这个多灾环境而踏上平稳安定的陆地，以获得内心更大的安全感。但是，世界总归善恶有报，天道循环，"投之以桃李，报之以琼瑶。"所以，日本人也有必要多看看克利斯朵夫的奋进与努力，在对整个人类有重大贡献及与世无争的平和中获得心灵的慰藉，以赢得国家和人民在世界范围内的崇高价值。

日本特殊的文化性格，产生了独特的艺术美形态。整个日本大和民族经历过不可胜数的自然灾害以及世纪性的战争责罚，而他们世代更替所带给人类的艺术美感，更多的却是温婉、融合、内敛，以及淡然。受地域、文化、宗教等因素的影响，日本民族展现出简约、朴素、含蓄、寓意深厚的独特审美观，形成了具体而形微的枯山水。而享誉全球的动漫作品，显露了日本人在面对灾难警醒克制的外表下，内心深处的热烈多彩。

具体而形微的枯山水

多年前，笔者之一到过中国苏州，游览过中国江南特有的风情——苏州园林。那是烟雨迷蒙的夏日午后，园林安静清润，一壶清茶，一场好戏，配着几碟小食，品味那独特的秀丽。见过苏州园林的清淡素雅，再看日本的枯山水便会为之惊异。它有别于中国园林"人工之中见自然"，而是"自然之中见人工"。若不是知道枯山水，定不会明白眼前的荒凉感是一处充满禅意内涵的景致。日本虽是一个多灾多难的岛国，却也拥有丰富而秀美的自然景观，顺应自然、赞美自然的美学观奠定了日本民族精神的基础，你大可以在不同的作品中找到这种返璞归真的自然观。

有一些故事，有一些观点，有一些冷漠，也有一些温度。摒弃池泉庭园，不似中国园林涓涓细流、波光粼粼、水波叮咚，而是一些常青、苔藓、白沙、砾石等，用这些静止不变的元素营造山水庭园，以不动表达动，以常绿表达枯。这便是日本的枯山水。

日本园林以其清纯、自然的风格闻名于世。小巧而精致，枯寂而玄妙，抽象而深邃，自是日本园林的精彩之处。它着重体现的是不经人工斧凿的自然景观，力求创造出一种简朴、清宁的至美境界。

日本受海洋影响而风景秀丽，日本人民对祖国风光的喜爱和海洋岛屿的感情使得具有日本特点的园林逐渐发展起来。日本园林中的湖和山，基本上都是对天然山水的模拟。到 13 世纪时，禅宗佛教和南宗山水画从中国传入，禅宗的哲理和南宗山水画的写意技法给予日本园林以重大影响，使得日本园林对再现自然景致有了一种高度概括和精练的意境。

日本园林与中国园林相比，最大不同即在于对风景的极端写意和对哲理的极致追求，其代表就是枯山水平庭，设计者往往是禅宗僧侣。他们将自身参悟的宗教哲理与园林艺术完美地融合起来，才有了这些写意抽象的山水庭院。该如何去形容这样一群人呢，懂得高超造园技巧的出家人？还是拥有大智慧的园林工匠？又或者他们只是些寻常的僧侣，日复一日地吃斋念佛、打坐洒扫，偶尔来了兴致，这儿放几尊石组，那儿用一块白砂，不懂修饰，疏于修饰，竭尽其简，于是才有了这么一方寡淡之至却又让人细细体味的净土。

具有苦行和自律精神的禅宗，代表了枯山水给人的全部印象。禅宗主张修习禅定，彻见心性。在修行者眼里，一沙一世界。"枯山水"正是脱胎于禅宗冥想的精神世界中。在清远空寂的禅的意象中，一沙一石，皆是法身，无须演绎无须雕饰，这种最具象征性的庭院恰到好处地体现了"空相""无相"的境界。它貌似简单却意境深远，看似无为却浸润佛理，于无形之处得山水之真趣，于草木之中见至臻之境界，这正是禅宗思想在造园艺术上的修为。他们所修的是眼看灾害所致现代文明轰隆崩塌，最终只留下了一片入髓的寂静。

盛及全球的动漫

日本动漫凭借剧情的创新和趣味风靡全球。作为世界第一动漫强国，日本动漫（Anime）的发展模式具有鲜明的民族特色而不失创新和吸引力，这是其他国家的动漫所望尘莫及的。动漫源于生活，日本的灾害文化以及应急教育等也充分反映到了动漫的剧情中。

自然灾害如大地震及其演化事件、火山爆发、海啸等，人为事件如环境破坏导致的灾难、大量恐怖生物袭击人类，或是超级细菌消灭人类等，均有所涉及。以切尔诺贝利核电站泄漏事故为灵感创作的漫画《法埃顿》就是这样一部"灾难动漫"。法埃顿是希腊神话故事中的傲慢少年，他不听父亲太阳神的劝告，执意驾驶日轮马车却不幸脱缰，险些酿出大祸。作者山岸凉子将自信能控制核能的人类比作法埃顿，告诫人类如果一意孤行，灾难的马车就会脱轨。漫画中甚至详细介绍了核能发电的原理和日本核电站的分布图，并预言了日本发生核泄漏事故后可能产生的影响。不料一语成谶，日本大地震后福岛核电站发生泄漏，网民们惊呼这简直和《法埃顿》中描写的情节一模一样。

望月峰太郎的灾难作品《末日》是彻彻底底的"天灾＋人祸"漫画，望月峰太郎用压倒性的纪实手法描述了"世界末日"的景象。故事描述了在毕业旅行的归途中，学生们乘坐的新干线因强烈的地质灾害在隧道中脱轨，奇迹生还的两位少男少女在完全崩溃的世界中以东京为目的地的归途故事。这部作品大量描绘了末日之景，画面极其写实，各种自然灾害层出不穷——大地震、龙卷风、火山喷发、泥石流等。随着故事的铺开，展现在读者面前的是一幅又一幅文明毁灭的荒凉末日景象。男女主人公在天灾之下还要不断从各式各样的暴徒手中搏取一线生机。这部作品并未记述大灾难的真正原因，对神秘恐怖的失去人类情感的"龙头"一族的来历也并未交代。但是，显然这部作品着重描绘的并不是灾变起因，而是在对大灾变背景之下各式各样的人挣扎求生求存的本性的揭示。

当然，日本动漫中除了刻画日本的灾害文化，也刻画了很多灾难来临时如何自救互救的情节，这些情节对于日本的应急宣教培训具有重要作用，可谓是寓教于乐。

在《哆啦A梦》《名侦探柯南》这种孩子们喜欢的动画片中，也穿插了不少应急自救互救的知识。《哆啦A梦》的《地震训练纸》《地震鲶鱼》中都讲述了遇到小震时不用惊慌、不用逃跑的知识。而《名侦探柯南》中几乎每一集都描述了遇到有人伤亡时，需要第一时间呼叫救护车和警察。

还有一些以灾难为主线的动漫作品，更是穿插了很多应急宣教的知识。《东京地震8.0》是由日本动画公司BONES、Kinema Citrus与富士电视台合作制作的一部以东京大地震为背景的原创动画。故事中融入了创作者们对大地震的切身感受，以主角们在灾害前后的互动，唤起大家的防灾意识。

《地动之日》和《拯救之翼》也反映了地震之后的救援情况；《核爆默示录》反映的是遇到核辐射事件的救援情况，而《夏日追踪》则反映了化学物质泄漏事件的情况。这些都对灾害的预防以及灾害后的自救互救起到良好的宣传作用。在这一过程中，动漫不仅作为一种文本内容出现，而且还成为一种灾后日本人普及知识、鼓励自勉的工具。

我们常常能在好莱坞大片中看到灾难降临时的地动山摇，看到英雄拯救世界的豪迈壮举，却很少看到灾难过去之后人们生活的真实面貌。与好莱坞灾难大片做对比，日本动漫中的灾难题材往往更关注切实的灾难预防和人性的理性思考，而不是仅仅为了宣扬个人英雄主义。日本动漫作品既描绘了恐怖的画面，也刻画了温情的人心，不仅充分反映出日本人对于灾难和死亡的高度接纳，而且从深层次探讨了灾难和人类的关系，以及人性的丑恶与善良。

历经灾难的岛人对待生活，反复修炼坚强、平静和包容的内心，同时加入热烈的色彩，安抚无常灾害带来的恐慌。"静"是枯山水，是对生命归处的淡然处之，"动"是动漫，是对多彩生活的积极热爱。正如"3·11"地震发生后，宫崎骏所说的那样："我们的列岛不断承受地震、海啸和台风的袭击，但它们是被丰沛的自然所围绕的岛。即使会有很多困难和痛苦，我也相信它是一片值得再度居住、值得为了让它变得更美而付出努力的土地。对于这次灾害本身，我们没有绝望的必要。"

圆点怪婆婆草间弥生的"偏执艺术"世界

继 2013 年草间弥生（Yayoi Kusama）的名为"我的一个梦"亚洲巡回展在上海收获了 30 万人的观展量之后，时隔六年，这位已经 90 岁的"圆点婆婆"另一场名为"草间弥生：爱的一切终将永恒"的展览于 2019 年 3 月 7 日至 6 月 9 日在上海复星艺术中心展出。

草间弥生于 1929 年出生于日本松本市，今年已经是 91 岁高龄，但仍然坚持着艺术创作。提到草间弥生，可谓是褒贬不一，见仁见智。一方面她被看作日本现存最伟大的艺术家，但另一方面由于她作品及个人的前卫性及一定程度的怪异性，使得她也成为一位让大众难以用一句话简单定论的人物。每当提到草间弥生，大部分人脑子里首先想到的大概就是那些无穷无尽的圆点，绵延反射到无穷无尽的镜面，怪异，奇幻，甚至她本人也成为她作品疯狂诡异特点中的一个部分。复星艺术中心新的主席王津元则这样评价草间弥生："表象的快乐，源于艺术家的坎坷人生，其起因是恐惧，表达的却是大爱。人们在草间弥生的作品里感受到的是宇宙的浩瀚、生命轮回的奇妙、以及人类心灵的宽广，看到的是美、浪漫、热情、自由、飞翔、以及无尽的爱"。

这段话吸引了我。于是怀着好奇的心情去看了这场展览。一

　　进入二楼，首先看到的是墙上、天花板上镶嵌的无数凸面镜，每走一步，都会看到不同镜子里映射出的自己，瞬间感觉仿佛进入了一个奇幻的假想空间，有一种不知今夕是何年，也不知道自己身处何处的眩晕的感觉。穿过右边的通道，看到的第一个空间作品叫做《隐匿的人生》，无数镜面反射着建筑物的外观，将内部与外部连接了起来。走在这个名叫《隐匿的人生》的体验式作品中时，又发现了中间位置上的另一个小型镜屋，而这个镜屋的外面又被镜面包围，上面又反射出了四周的凸面镜，这就是草间弥生的第二件浸入式作品《我要亲眼见证内心》。这部作品上有很多小窗口，透过窗口向内看去，只见镜屋里的无数镜面将内部的灯光无限反射，灯光向各个方向四散开来，令人目眩神迷。

　　穿过一条暗色的长廊后，映入眼帘的是代表着草间弥生的著名标志——圆点，同时充斥眼前的是从地下一直通往顶部的黄色茎状装置。波点与茎状物相互辉映，相互交融，再加上黄色的墙面，平面与立体在无言中成为一体。它的名字叫做《无限蕴藏的波点希望将永远笼罩宇宙》。

　　继续往前走，看到的又是镜子。这就是这次展览的另一件沉浸式作品《无限镜屋——我永恒的灵魂熠熠生辉》。这件作品是个豪华版镜屋：在独立镜屋的外部，所有墙面同样被镜面覆盖，上面贴着草间标志性的波点。走进去，又是我们熟悉的波点和灯光，在镜面的反射中表现出来的色彩和光线的无限变化，甚至会让人产生一种被压迫或者被束缚的奇妙感觉。

恍恍惚惚走上三楼，这里展示的是名为《我的永恒灵魂》的30 余幅绘画作品和雕塑作品——《花卉雕塑——我的灵魂永远绽放》。"我的永恒灵魂"系列是草间弥生始于 2009 年的新作。十年来，该系列已创作出了超过 500 幅的作品。这个系列在以往草间弥生的代表性标志的基础上，增加了一些新元素，比如"眼睛""人脸""太阳"。空间中央的雕塑是五个花卉，象征着"未知与生猛的奇妙和美丽。"

看过上海的草间弥生展之后，这些无尽的重复，视觉冲击性极强的眩晕感勾起了我对她更大的兴趣。碰巧要到日本的四国地区出差，赶紧查了查资料，发现在日本有几处地方可以欣赏怪婆婆的作品：东京新宿区的弥生美术馆，青森县的十和田美术馆，群马县院美术馆别馆，位于静冈县的梵奇雕刻庭园美术馆，以及草间弥生的家乡——松本市美术馆，香川县的直岛，福冈县的福冈美术馆，鹿儿岛县的鹿儿岛雾岛艺术之森。

时间紧张，没办法将松本美术馆和直岛都观览，以前听《濑户的新娘》这首歌时就很想去一睹濑户的风景，再加上恰逢濑户海国际艺术节的春季举办月，所以也就一路去追寻直岛的标志物——草间弥生的黄南瓜和红南瓜去了。坐轮渡上了直岛，到达宫浦港，一眼就看到了放置在港口的红南瓜。巨大的红南瓜上黑色的圆点大大小小，有的大圆点是中空的，人可以通过圆点跳到南瓜里面，露出上半身拍照，这和上海展中镜屋的镂空小洞分明有着同样的逻辑。接着坐公交车去看位于地中海美术馆外的黄南瓜。在通往海岸小路的尽头，远远就看见矗立在那里的巨大的"世界尽头的黄南瓜"。黄南瓜的波点与上海展览中的黄色茎状物软雕塑有着一些相似感。它就那么耀眼却又孤独地伫立在海边。这份遗世独立和傲视万千的感觉，甚至也有点像草间弥生本人无尽的自信和自傲。

才华横溢的跨界女王

在英国《泰晤士报》评选出来的20世纪最伟大的200名艺术家的中，草间弥生与村上隆、杉本博司和野口勇等日本艺术家上榜。由此可见怪婆婆在艺术界被认可的程度。而从另一个角度，即市场价值的角度来看，草间弥生的作品拍卖价在画家中也是首屈一指的。2008年11月，在纽约的克里斯蒂拍卖会上，她创作于1959年的"无限的网"系列画作之一《No. 2》被拍出了579.2万美元的高价。

　　我们提到草间弥生时，很难确认她是画家还是雕塑家，是行为艺术家、服装设计师、作家，还是市场营销能手，亦或时尚业从事者，因为这些领域，她都有涉及，而且还处处出彩。圆点、镜面、无尽的重复更是作为她的标志性特点，带着这些特点的草间弥生的作品展横扫全球著名展厅——泰特现代美术馆、蓬皮杜艺术中心、东京国立新美术馆等，而且她更是能与当代卓越的艺术家如安迪·沃霍尔、克勒斯·欧登柏格、贾斯培·琼斯一起联展的人物，不得不让人对她另眼相看。

　　绘画是草间弥生最初开始活动的领域。《花（D. S. P. S）》作为她的绘画代表作之一，完成于 1954 年，她前往纽约之前。1959年 10 月，草间弥生从西雅图搬到纽约后，在布拉塔举办了首次个人画展。正是在这次画展中，第一次展出了她绘画风格发生全新变化的《无限的网》系列的五幅作品，引起了《纽约时代》《艺术杂志》《艺术新闻》等媒体的关注，同时也引起了著名评论家唐纳德·贾德的关注。1962 年，她在纽约市的绿艺廊参加了七人联展，展出的作品是软雕塑，同时参展的艺术家还有著名的安迪·沃荷和克勒斯·欧登柏格。她的软雕塑才艺开始显露出来。1965 年她首次推出作为她一生代表作的《无限镜屋》，而且本人也身着同色系白底红点服装站在镜屋内，引起了很多人的注意。

1966 年，她用小小的圆灯泡和镜面结合，创造了因折射和反射形成的具有极强烈视觉迷幻效果的作品《无限的爱》，在美国一举成名。此后，草间弥生的作品就一路开挂，屡屡获奖，开启了她作为前卫艺术家的艺术之路。1993 年被日本选为参加第 45 届威尼斯双年展日本代表，1998 年参加台北双年展，2000 年参加澳大利亚雪梨 2000 双年展，2001 年荣获日本"朝日奖"，2003 年，其作品在日本与美国展开了长期的巡回回顾展，她本人更是荣获了法国文化部颁发的艺术及文学骑士勋章。

1968 年，她涉足影视界，创作了短片《消灭自己》，并荣获比利时第四届国际短片大奖和第二届日本联合树下电影节银奖。在传媒领域里，草间弥生也有过小小的尝试，发行过《草间狂欢》的小报，开过自己公司，取名"Kusama Enterprise"，还参加过电影和音乐剧的制作等。

回到日本以后，草间弥生在不断坚持创作雕塑作品、绘画作品，以及室外大型公共艺术作品的同时，又展示了她人生中的另一项才艺——写作。1978 年，草间弥生在日本出版了第一本小说《曼哈顿企图自杀惯犯》，此后不间断地又出版了十几部小说和诗集作品。1983 年的小说《克里斯多夫男娼窟》获得日本第 10 届野性时代新人文学奖，获得高度评价。2002 年，出版自传《无限的网：草间弥生自传》。她的小说作品还包括：1985 年的《圣马克教堂的燃烧》，1988 年的《天地之间》，1989 年的小说《拱形吊灯》和《樱冢的双重自杀》，诗集《如此之忧》，1990 年的《鳕鱼角的天使》，1991 年的《中央公园的毛地黄》，1992 年的《沼地迷失》，1993 年的《纽约故事》和《蚂蚁的精神病院》，1998 年的《堇的强迫》和《1969 年的纽约》等等。草间弥生俨然有点职业作家的意味了。

在时尚领域，草间弥生早年在纽约经营过一家名为"草间时装"的精品屋。2012 年与著名奢侈品品牌路易威登合作设计服装，与洛杉矶著名街牌 X - LARGE 和 X - GIR 合作，推出了波点系列服上衣、T 恤、帽子，与腕表品牌 G - SHOCK 联名推出手表，与背包品牌 PROTER 联名推出轻便又具有艺术装饰性的背包，还为兰蔻设计了包包。所有的联名产品销售情况也都是火爆不已。

幻影与疯狂的组合

偏执艺术（obsessional art）的观念在草间弥生的软雕塑作品中表现得比她的画作中更加明显。这种风格其实从 1962 年她最初在纽约格林画廊展出时就已初露端倪。当时她展出的雕塑作品形状奇特，在旧家具的表面布满了密密麻麻的用布填充物构成的凸起物，令人联想到男性生殖器，而这种方法在第二年格特鲁德·

斯泰因画廊的"积聚：千舟连翩"个展上表现得更为直接。当时展室中央放了一艘船，船上则装满了阴茎，周围墙壁上贴满了这艘船照片的海报。

除了画廊、美术馆的舞台，在 20 世纪 60 年代，草间弥生做出了一系列更为惊世骇俗的所谓"偶发艺术"行为，被看作是反战行为艺术。其实，她挑战和撞击现实社会的起点应该起源于 1966 年在未经邀请的情况下，她就在第 33 届威尼斯双年展的场外场地上，布置了无穷多合成树脂材料的镜球，并扬言要以每个镜球 2 美元的价格出售，后来被主办方禁止。这一行为背后所隐藏着的她的批判和反抗精神在之后一次又一次的偶发艺术中表现得更是淋漓尽致。她们在纽约的许多标志性建筑，如华尔街、中央公园等地方进行了在裸体上画圆点或者各种疯狂的裸体舞蹈等形式的行为艺术，并多次被警察驱逐。1968 年 11 月 11 日演出的偶发艺术《质问尼克松的一封公开信》成为人们热议的话题，并取得了巨大成功。其中一部分内容说："*让我们忘记自己的存在，与上帝合为一体吧。让我们赤身裸体地聚集在一起拧成一股绳吧。*"因为她 20 世纪 60 年代这一系列疯狂的行为，甚至导致听到这些消息的远在日本的保守派家人也觉得很丢人，宣布与她决裂，断绝关系。

我们都知道草间弥生的精神状态从小就不太稳定，从众所周知的十岁开始就出现的幻觉，到 1973 年她从美国回到日本后一直选择住在精神病院，都向大家展示了一个不那么正常的艺术家的形象。早在 1954 年，她在其绘画作品《花（D. S. P. S）》中就表达过自己最初发现幻觉时的感受："某日我观看着红色桌布上的花纹，并开始在周围寻找是不是有同样的花纹，从天花板、窗户、墙壁到屋子里的各个角落，最后是我的身体、宇宙。在寻找的过程中，我感觉自己被磨灭，被无限大的时间与绝对的空间感不停旋转着，我变得渺小而且微不足道。"后期她作品中无论是无穷无尽的圆点、网格、还是镜面，从一定程度上讲，大概就是她依照幻觉复制出来的一个虚幻的世界。

虽然她一直接受精神病治疗，但似乎她的一系列疯狂行为在另一个层面上也有自己故意炒作之嫌。草间弥生疯狂组织"人体炸裂"的系列裸体集会后，迅速成为美国媒体追逐的对象。

借此行为艺术，当时在纽约出名和挣钱都无望，过着极度拮据生活的草间弥生获得了不菲的门票收入，可谓是一项一举双得、名利双收的行为。

尤其是从美国回到日本后，长期选择住在精神病院，却又能几十年坚持创作，大概基于病情严重到离不开精神病院的可能性相对就小了很多。也有观点认为，草间弥生之所以在 1973 年返回日本，精神病加重只是一个公开的托辞，而其实很大程度上是由于当时她在美国的男朋友约瑟夫·柯内尔于 1972 年离世对她造成了巨大打击。而回国后住在精神病院与其说是病情需要，倒不如说是对自己之前在纽约故意博眼球行为的一种反思、惩罚，以及对爱人的思念。

而作为草间弥生代表性标志之一的作品——镜屋系列的原创性其实也很值得商榷。喜欢推理小说的人应该对江户川乱步的一篇名为《镜中地狱》的短篇小说不会感到陌生，因为这部小说不但作为小说在日本引起过很多人的关注，2005 年还曾经被奥特曼之父——实相寺昭雄搬上银幕，取同名《镜地狱》。草间弥生第一次在纽约推出《无限镜屋》作品是 1965 年，而比她年长 35 岁的江户川乱步恰好在同年去世。江户川乱步在《镜中地狱》一文中曾是这样描述镜屋的："这次也不知道他是怎么想的，把实验室分成几个小区域，上下左右各贴上一块镜子，即人们常说的镜屋。门也是镜子制作的……他站在六面镜子的房间中央，身体的所有部分都会由于镜子之间的相互折射而被照出无数个映像。他肯定会感到自己的上下左右，都有无数个和他相同的人密密麻麻地蜂拥而来。"那么，草间弥生 1965 年首次在纽约以个人穿着波点服装站在镜屋中间的形象示人时，与其说是首创，倒不如说是一种模仿而已。

世界以痛吻我，而我报之以歌

"如果不是为了艺术，我应该很早就自杀了。"我相信草间弥生自己说出这句话的时候是充满着无限真诚的。一方面受着精神疾病的困扰，另一方面又是一个小人物心中那承载不了的巨大野心和无限的创作活力汹涌奔腾，这双重的痛苦势必会让她的作品或者行为呈现出极度的撕裂和矛盾的特质。

草间弥生在公众面前一直是个高调的人，她从来不吝惜对自己的高度评价，比如她经常认为自己就是一位杰出的艺术家，无可取代。在她的自传中，她就说"是我开创了软雕塑这种手法。"而且，对于自己的独创性、前卫性、领先性，她也是一贯颇有狂妄之风，言必称"因为我相信自己的艺术，我从来没有受到过其他人的影响。"在接受《外滩画报》专访时，她说："我觉得没有人比我有才华。我一直把所有的时间都用在艺术上，并且把我最原始的意念和想法全部用到了代表草间弥生的作品上。"

从草间弥生的作品中我们可以体会到作品想要表现的将人从抑郁中解放出来的美好愿望，同时似乎又能听到和感受到作者想要让自我与世界合为一体，想要得到救赎的呐喊。在她无尽的重复，无尽的延伸，无尽的反射的作品风格中，她想要追寻的其实是一种自我的消融，直到永远。就像她自己所言，"必须丧失自我的存在。将自己委身于不断前进的，永远的时光之流中，我们必须借圆点纹饰以忘记自己的存在。我死后也要振翅翱翔，向更深，更宽阔的地方，积蓄比现在更大的能量，一直飞向宇宙的苍茫。"

因草间弥生在台北巡展而结识她的蔡康永曾经在自己一篇题为《自愿住进精神病疗养院的艺术家草间弥生》的博文中这样写道："草间弥生不知是在哪面墙上钻了一个洞，窥知了造物者的某个手势或背影，她从此寄居这面墙上，在两个世界间来回顾盼。"这也许是对于草间弥生无限的创作热情与她在世俗生活中各种博取名利行为的一个最为恰当的解释吧。

不管我们如何对草间弥生进行评价，无论是将其归入女权主义、极简主义、超现实主义、波普艺术、抽象派等不同的艺术流派中的哪一派，也无论"圆点女王""话题女王""怪婆婆""日本艺术天后""精神病患者"等标签如何重叠，其实都不足以准确概括草间弥生疯狂、精彩、复杂，又极富创造力和活力的一生。

穿越无尽痛苦，草间弥生最终想要追寻的也许还是人与自然，灵魂与爱归向宇宙的境界吧。就像她自己反复强调的"我想将全人类的爱传到永远"一样。

因为，爱，永恒。

有些看似无意或偶然的选择，其实总能找到背后逻辑的痕迹。正如樱花之于广大日本国民，可谓是历史和逻辑的必然选择。而日本的另外一个象征——菊花，作为皇室御用，体现了高贵和福寿永祚，同样也是日本历史的选择。

正如日本人来自中国、在漫长的岁月里逐渐在这个岛国上生根散叶一样，菊花也来自中国，一种说法是在鉴真和尚东渡日本时期传入。平安王朝干脆把旧历九月定为了菊月，而镰仓时代的后鸟羽天皇则制菊花纹印章以为己用。接下来的几位天皇循例继承了这一传统，并最终形成了以"十六瓣八重表菊纹"为皇室家徽的传统。

尽管樱花在日本更为多见，但因为《菊与刀》的缘故，菊花成为外国人，尤其是西方人更为了解的东西。美国学者把菊花与倭刀两个形式上一柔一刚的东西摆放到一起，研究日本人身上表露出的令西方人诧异的矛盾特点。

过去十年间，笔者致力于研究应急管理，无论如何都无法避开日本的风险防控体系和完善的应急体系。在研究的过程中发现，日本这些在美国学者眼中看似矛盾的性格，其实可以在灾难这一背景下获得一个完美的解释。

灾难频发造就了日本人对于必然死亡的坦然接受，进而认为死亡是人生的一个组成部分。但是，人毕竟要积极规避导致死亡的风险可能。因此，面对风险，或做好预测、预警和预报，或做好事件到来时的各种有序准备与应对。这些应对措施在各种不断重复的真实场景演练中逐渐完整完善起来，形成了一些经过优化的固有逻辑和做法，也造就了日本人的谨慎、认真、物哀、暧昧、集团主义等民族性。

从像极了日本人一生的樱花开始，试图解读日本人表现出历史和现实中模样的原因。作为一衣带水的邻邦，我们对这个邻居爱恨交织。虽然一直想去了解，却总是驻足于表象，灾难视角下的日本文化也许就是一把解读日本的钥匙。

菊花？樱花？

传说在很久以前，有一位名叫木花开耶姬的美丽而又智慧的姑娘，用了半年时间，自初春到暮春、自南而北，从九州走到北海道，遍历整个日本，沿途撒下樱花的种子。于是，日本各地的樱花随着春天的脚步渐次盛开。日本因此被誉为"樱花之国"，但是这种开遍日本本州及各个周边岛屿的樱花却并非名义上的日本国花。或者说，日本的国花究竟是什么，在民间和皇室之间是有争议的。在国民心中，樱花灿烂时格外耀眼，凋谢后零落成泥，具备浓重的日本特质，更应该成为国花。

295

而菊花一直为日本皇室所专用，民间只有在重大事件如婚礼时才被允许佩戴。但大家在家里也都倾向于种菊花，以示富贵。

由于菊花被皇室喜爱，很多人会把菊花当成日本的国花。但是，当你在全世界范围内问日本的国花是什么时，很多人可能会在樱花和菊花之间犹豫不决。

因为本尼迪克特的名著《菊与刀》的缘故，我们仿佛会认为菊花可以代表日本。其实，菊花只是因为"物以稀为贵"，才被选为日本皇室的象征，其间有很大的偶然因素。

还有一个未经具体考证的说法是：8世纪末，日本将都城从奈良移至平安京（今天的京都）之后，菊花才从中国传至日本。由于菊花十分稀有，只有日本皇室才能得到。加之菊花美丽高洁的特征，带动了一股爱菊之风，因此文人墨客们也开始大力推崇菊花之美。

中国九月初九重阳节在日本也就有了映像，"菊花节"应运而生。在这一天，文武大臣要拜见天皇，君臣共赏菊花、共饮菊酒。据说日本天皇到了10月还会继续摆设残菊宴，邀群臣为菊花即将谢幕"饯行"。这一点倒和中国有几分相似之处。

事实上，后来日本皇族家徽上就采用了菊花，十六菊用于祈愿天皇永久昌明、永续贵尊。作为天皇的家徽，"十六瓣八重表菊纹"的族徽一直使用至明治初年。由于天皇的神圣性，这一形式的徽标禁止亲王等皇族使用。亲王们的家徽被定为"十四一重里菊"图样，即"十四瓣只有一层且向里窝着的菊花图案"。

与高贵纯洁的菊花相比，樱花要寻常得多，几乎随处可见。作为蔷薇科的落叶乔木，樱花树甚至可以长到 16 米高，但是我们见到的多为低矮到触手可及的樱花树。与众多众星捧月、绿叶映衬下的花朵不同，樱花的花往往比叶先开放，一枝上开有五六朵花，瓣呈白色或淡红色。

樱花一直以来与日本人的生产、生活和感情融合在一起：花开花落，预告着春播时令的到来；樱汁、樱叶、樱花、樱木，是常见的药材、食品，也家具和木雕的上好原料。

每年的三月十五日是日本的樱花节。这一天，日本的男女老少都会去公园或野外赏樱。在东京的上野公园，还会有花宴、花会、花舞等各种活动。当"八重樱"这种特有的樱花在东京的新宿公园盛开时，会有一场声势浩大的"观樱会"，届时往往名人云集，百姓也相拥而至。鲁迅先生的文章《藤野先生》起笔就说起了这般樱花盛开的情景。

"东京也无非是这样。上野的樱花烂熳的时节，望去确也象绯红的轻云，但花下也缺不了成群结队的"清国留学生"的速成班，头顶上盘着大辫子，顶得学生制帽的顶上高高耸起，形成一座富士山。"

可见，樱花的盛开对于前往日本留学的中国人的印象何其之深。

那么，樱花为何能够受到如此爱戴，以至于日本人每每将其看作自己的象征，武士们甚至将其称作武士之花？

樱花花开，如云似霞，转瞬即逝，随风而落。在樱花嘉年华的幕后，乃是动人心魄的樱花精神——命运的法则就是循环，枯荣之间只是走至枯、走向荣的路。灿烂，是倾其一切的繁荣至极；凋零，是繁盛之际的最后努力。菊花的珍贵赋予日本人对时间、对生命小心珍惜的品性。而樱花的精神，感染着这片孤注一掷的多灾国土，它奋进、偏执，至荣不休，如果不能极致灿烂，季节一过便很快凋零、没入泥土，正如日本人那无比脆弱的生命。

南唐李煜曾有思人之作："樱花落尽阶前月，象床愁倚薰笼。远似去年今日，恨还同。双鬟不整云憔悴，泪沾红抹胸。何处相思苦，纱窗醉梦中。"樱花，是生命的热烈补充，是充满希望的绝望，更是逝去后等你归来的信仰。

细细品味樱花的日本性格，更是如此。

大多数樱花都是在叶子发芽之前开放的。柔美纤细的花朵，点点依偎枝头，娇弱又富有生命力的花朵一洗寒冬的萧索，衬托着日本列岛春之将至的欣然景象。短暂的灿烂盛放之后，即是果敢的凋零消逝。江户时代的国学家本居宣长吟诵道，"人问敷岛（日本别称）大和心，朝日烂漫山樱花。"将樱花比作以"物哀"为基调的日本人的精神。也是从这一时期开始，倏然飘落的樱花开始被用于比喻武士道精神，她"生得辉煌，死得壮烈"的情趣和日本武士追求"觉悟死"的精神冥冥中相契合，是对武士道追求的果断地死、毫不留恋地死、毫不犹豫地死的一种唯美诠释。

从翩然绽放到凋零消逝，樱花花期只有短短的十几天，然而正是这转瞬即逝的美，深刻地反映并且影响着日本人的精神世界与审美情趣。繁华浓烈而又瞬息而逝的景致，如同在多灾国度里人们短暂又脆弱的生命，带着灿烂过后的悲壮美感坦然面对命运。

为了赏樱而万人空巷，因为樱花的"魔帚病"而举国惊恐，气象厅高官更是因为错报了樱花前线日期而需在国民面前谢罪，再没有一个群体像日本人这样，对樱花持有如此浓烈的热爱；也再没有一个国家像日本这样，将整个民族的灵魂定格在了那最灿烂的一抹春色中。

粉色的花海像轻风般拂过日本列岛，随着北海道东端、根室市"清隆寺"内那40株千鸟（Chishima）樱花的盛放和凋残，日本列岛的春天也渐渐远去。然而，流淌在日本人血肉里的樱花却不会消逝，她随着脉搏汩汩跳动，蛰伏着、静候着下一个春天的到来。

跋

从审美到应灾：日本与中国的同与异

　　一般来说，灾难是一个令人感到沉重的话题。因为在人们的认知中，灾难总是伴随着丑陋、死亡、毁灭、绝望等一系列让人不快的感受出现。即便是歌颂应灾、救灾中涌现出来的英雄事迹和卓绝行为，也还是难免让人产生冰冷、紧张、斗争等紧绷感。而文化却相对来说显得柔和许多。战争给人类带来了巨大的灾难。鲁思·本尼迪克特的人类学著作《菊与刀》可以说就是一部用温和的文化视角来解读血腥战争缘由的力作。书中之所以讲明治维新，讲风俗道德，讲"情"，其实是为了了解日本人对战争的看法，解读日本人在战争中何以会有那样的表现。当然，在本书的序言中也提到过，从西方人视角看来，《菊与刀》破解的是日本人的战争文化密码，但从同为东北亚国家的中国人视角看来，书中绝大部分内容所展现的不仅仅是日本人的特质，更多的是属于东北亚国家人们共同的文化认同和情感。

　　我今年特意去参观了瀬户内海的艺术之岛——直岛，因为在直岛上由安藤忠雄设计的地中海美术馆里收藏着五幅莫奈的睡莲图。莫奈本人也曾经在访谈录中谈到日本美术对他的意义："如果你们一定要知道我作品的源泉在何处，作为其中之一，我希望你们能把作品和往昔的日本人联系起来。他们那种世所罕见的简练雅致的情趣，总是使我为之入迷。用阴影凸显存在，用局部暗示全体，那种美学深得我意。"

如果说鲁思·本尼迪克特解读了日本文化与西方文化之异的话，莫奈则用传世画作实践了东西方艺术之美的相互影响与嫁接，成功地在异中寻求到了美之同。如果说鲁思·本尼迪克特是试图用柔软来理解冰冷，用文化来理解战争的话，那么可以说，我们这本书的初衷也是跟随着鲁思·本尼迪克特的逻辑和脚步，想要从柔和的文化视角去解读冰冷的灾难应对，想要从审美视角去解读日本人何以出现如此看待和应对灾难的心态和行为。

谈到日本的审美，不得不谈谈日本的国花。日本樱花的象征是大家都非常熟悉的。从我们上一部《樱花残》到这一部《樱花开落》，贯穿始终所讨论的都是樱花集灿烂与衰败于一身的短暂之美，这也是日本人在审美中礼赞有加的核心——为了美活着，离去时也毫无留恋，坦然飘零。樱花的美虽然绚烂，但是却又充满着危险和不安定的色彩，因为不远处的死亡就站在路边召唤着它。当樱花开得繁盛至极致之时，也恰是日本人成群结队忘我赏樱取乐之季。也许一夜风过，樱花就会凋零飘散，在随时都存在的死亡和破灭的威胁下，樱花开得更为灿烂，更为热烈，它似乎在反抗，也似乎在纪念。这一点，像极了日本人面对灾难和人生苦难时的心态。理解了樱花的一开一落，就能更好地理解日本人对于灾难的心态和认知。在这一层意义上来讲，我们从灾难文化这一视角去进行灾难治理的社会科学研究，在文化挖掘和理论构建方面的意义也许比以往用定量、数据的研究更为深刻。

中日两国无论是地理位置，还是历史文化传统，都有着极大的相似性，《菊与刀》中其实揭示的也大多是相似性。而从审美意识上来看，其实，日本与中国在相似中却有着诸多的不同。

日本著名建筑学家黑川雅之曾经将日本审美归结为八个汉字"微、并、气、间、秘、素、破、假"。而日本国宝级的美术史大家高阶秀尔在讲到美术作品的留白之美、舍弃之美等时，很多观点其实和黑川雅之也是一致的。而这些基于日本艺术家的深度审美反思，也确确实实归纳了日本人审美的独特之处，这也恰巧是我们这部书中想要传达给大家的精华，即日本人在灾难之下的表现及其缘何如此。

以小为美，小中见大，日本人的吃住行之精致早已将其演绎得出神入化。主张人与自然和谐合一、万物皆有"气"的存在造就了日本人欣赏"状况之美"，而非"实体之美"的审美取向。同时，以枯山水为代表的庭院美化之审美也是在天人合一的理念下对"素"和"间"的追求的一种体现。

比起前面的对"微、气、间、素"之美的追求来说，日本人与中国人差异更多的则表现在"秘、并、破、假"四个方面。

日本人主张的幽玄之美就是对"秘"之审美的一种追求。世阿弥曾经说过："隐秘是花"。而当我们读过了谷崎润一郎的《阴翳礼赞》之后，就会更加明白日本民居中幽暗空间的美是与"秘"的审美意识联系在一起的。

"并"之审美更好地解释了日本人为何会出现如此多的神社、庙宇、教堂，日本的城市又为何不同于西方那样规划好的城市，而是形成了村庄式城市。"并"意味着兼收并蓄，也解释着多神共存。日本是一个自然灾害频发的国家，当人的力量过于弱小，不足以抵抗灾害时，祈求神灵保佑则成为人类共同的期待。日本人也是如此。所以，泛神崇拜的流行，神界、俗界的划分与衔接影响了日本的方方面面。

鸟居和桥是日本人生活中非常重要的两种建筑物。有神社处必有鸟居。在日本人的认知中，鸟居是神域与俗世之域的界限，跨过鸟居后就是神的世界，鸟居之外就是俗世。虽然鸟居根本没有门这种实质性的设置，但是鸟居实际上是日本人内心意识上划分的一个界限。同理，桥梁在日本人的认知中，也是起着连接两个世界或分隔两个世界的作用。这两个世界，一个是人的世界，另一个是神的世界；一个是日常世界，另一个就是异次元的世界。东海道五十三驿从江户的日本桥而起，至京都的三条大桥而终的设计并不是没有缘由的。而我们熟悉的推理小说家东野圭吾的作品中，更是到处都有桥的出现，尤其是那座著名的日本桥。《祈祷落幕时》更是整部小说就以 12 个月 12 座桥这一谜题展开，足以见得桥在日本人生活中的重要性。

虽然日本文化中讲疏离，重规矩，但是却又从内心深处憧憬着"破"的冲击力和反抗性。世阿弥的《能乐论》中有过关于"序破急"的阐述，谈的是"能"的舞台表演之道。而"守破离"讲的则是茶水之道。总而言之，追求"破"就是要打破常规，进行创新，所以日本有对意外美和偶然美的追求。

主张"破"的人物要首推丰臣秀吉的茶道老师千利休。他从当上丰臣秀吉的茶道老师开始，就向以武士阶层为尊的等级制度发起挑战，创造了茶室文化。歌舞伎表演就是为了对抗京都悠久历史文化而创造的一种具有反叛性质的审美形式。同样，本书中写到的无论是夏目漱石、太宰治、小林多喜二等文学家对资产阶级及近代化带来的弊端之批判，还是正冈子规对俳句的改革，无一不体现着日本人对"破"的追求。

日本人在写诗歌时有两种有意思的、创造性的写法。一种叫做"散书",另一种叫做"返书"。所谓散书就是日本人在纸笺上写和歌时,经常会拼接两张纸笺,然后故意在中间留出大片空白,让人误以为是两首诗。而"返书"则是一种忽左忽右的书写方式,写得随心所欲,从哪里开始念也是随心所欲。更重要的是,纸张整体上要呈现中间高两边低的三角形美感。和规规矩矩的排版相比,这种对于形式的突破也体现着日本人追求"破"的决心之大和追求美之强烈。其实,在日本人看来,人生在一定意义上,又何尝不是一场在"有序"和"打破"之间的豪赌呢?

"假"的含义不是指真假,而是指不去抗衡,顺势而为,有"假借"的意思。这一审美大概最能解释日本人面对死亡和灾难时的淡然心态。日本人在修禅问答里有一句很著名的话叫做"长河中的你,随波逐流亦好,逆流而上亦佳"。顺应自然,接受一切。接受一切不完美,自然就会变得更为融通,也会更为爱惜短暂之美,因而产生"人生是为了美和快乐而活着"的基本人生信条。"假"的背后所表现的观念是:接受宇宙万物的安排,接受死亡和灾难的洗礼。樱花的一开一落也正最完美地诠释了这一理念。

回到代表一个国家的花朵,虽然中国的国花一直是有争议的,但无非也就是牡丹与梅花之争。唐代诗人刘禹锡曾经描写长安的牡丹是"唯有牡丹真国色，花开时节动京城"，可见牡丹之雍容华贵。牡丹象征着圆满、浓情、富贵、吉祥、幸福等的花语也反映了中国人对于大富大贵的向往和想要占有人间一切富贵荣华的愿望。

梅花虽然没有牡丹的华丽，但是"梅花香自苦寒来"的励志诗句却是从小激励着每一个中国人的座右铭。作为四君子之首，中国人赞赏梅花的是其坚强、高洁、忠贞傲风雪的铮铮铁骨的品格。

中国也是一个灾难深重的国家，面积广大，地形地貌复杂；人口众多，正处在剧烈变革与快速发展之中，自然灾害和人为灾难从来都未曾远离过我们。而中国对于灾难的研究，无论是成灾因素分析、防灾体系建立、救灾技术更新，还是灾后重建体系构建等具体应对灾难的技术和方法，这背后到底有着怎样的深层次原因，体现着中国人怎样的应灾逻辑，也有必要从中国人应对灾难的文化角度去进行解读。

正如梅花和牡丹所代表的精神一样，中国人在应对灾难时选择的不是顺应、听天由命，甚至像日本人所追求的那样美到极致之后就死去，而是选择像梅花那样去傲霜凌雪、艰苦斗争。"人定胜天"不管是口号也好、理念也好，至少在中国人应对灾难时确确实实是一个支撑性的观点。然而，胜了天之后呢？那就该是像喜欢牡丹那样，去追求荣华富贵，辉煌荣耀，泽被后世，永远繁盛了吧？

日本樱花的一开一落间所折射出来的日本审美和日本文化，成为我们想要抽丝剥茧理解日本人应对灾难的文化、心理、行为的小切口。那么，牡丹的大气雍容和梅花的斗争与刚正背后的文化，是不是也能成为我们下一步研究中国在应对灾难的心理和行为背后逻辑的小切口呢？

我们期待着。